高职高专"十四五"规划教材

冶金工业出版社

5G 基站建设与维护

龚猷龙　　徐栋梁　　主编

宋秀萍　　参编

扫一扫查看全书数字资源

扫一扫查看电子课件

扫一扫查看视频

北　京

冶 金 工 业 出 版 社

2024

内 容 提 要

本书以问答形式系统地介绍了5G理论基础和基站实训操作知识，尤其是针对当前常见基站的规范开站方式及相关数据配置做了透彻的讲解。全书内容编排由浅入深、从理论到实践、从一般原理到具体设备，结构合理、图文并茂，并配有丰富的教辅资料，含纸质图书、配套微课视频、习题以及教学使用PPT等。

本书可作为高职院校通信类及相关专业的教材，也可供从事5G通信基站设备安装、软件调试、系统验收及维护工作的工程技术人员学习和参考。

图书在版编目（CIP）数据

5G基站建设与维护/龚猷龙，徐栋梁主编．—北京：冶金工业出版社，2021.8（2024.1重印）

高职高专"十四五"规划教材

ISBN 978-7-5024-8809-3

Ⅰ．①5⋯ Ⅱ．①龚⋯ ②徐⋯ Ⅲ．①无线电通信—移动网—高等职业教育—教材 Ⅳ．①TN929.5

中国版本图书馆CIP数据核字（2021）第156698号

5G 基站建设与维护

出版发行	冶金工业出版社		电　话	(010)64027926
地　址	北京市东城区嵩祝院北巷39号		邮　编	100009
网　址	www.mip1953.com		电子信箱	service@ mip1953.com

责任编辑　王　颖　美术编辑　吕欣童　版式设计　郑小利
责任校对　葛新霞　责任印制　禹　蕊
北京虎彩文化传播有限公司印刷
2021年8月第1版，2024年1月第2次印刷
787mm×1092mm　1/16；11.75印张；283千字；179页
定价 59.00元

投稿电话　(010)64027932　投稿信箱　tougao@ cnmip.com.cn
营销中心电话　(010)64044283
冶金工业出版社天猫旗舰店　yjgycbs.tmall.com
（本书如有印装质量问题，本社营销中心负责退换）

前　言

5G 代表着当前先进的无线通信技术，尤其是近几年商用后，5G 成为流量的新风口，催生了多个行业的新应用。根据高职通信类专业人才培养方案要求，结合 5G 时代的工作岗位需求，5G 基站建设与维护是一个很好的就业方向。本书采用问答形式，从理论到实践，从一般原理到具体设备，由浅入深的方式编排内容，详细介绍了 5G 基站建设与维护所需的通信系统理论基础知识，并着重介绍了具体基站实训操作。本书特色如下：

（1）将与 5G 基站相关的理论知识和实训操作拆分成 10 章内容，每章以具体知识块为单位，通过问答的形式进行编写，结构简单，思路清晰。

（2）理论知识部分，通过思维导图呈现知识结构，在介绍过程中插入大量的图表信息，尽可能地直观介绍理论知识。

（3）实训操作部分，将 5G 基站建设分为建设前、建设中和建设后三个阶段进行讲述，其中第 9 章重点介绍了建设中的独立组网模式下基站数据配置方法，环环相扣，重点突出。

（4）作者结合多年通信方面的工作经验及体会，特意在本书中将通信工程师的操作规范写在第 7 章，并加入相关的正反面案例及分析，目的是树立规范操作意识，强化 5G 基站建设与维护的安全性操作理念。

本书由重庆工商职业学院龚猷龙、徐栋梁担任主编，重庆电子工程职业学院宋秀萍参编。其中第 1 章、第 3 章、第 4 章、第 5 章、第 9 章由龚猷龙编写，第 2 章、第 6 章、第 7 章、第 8 章由徐栋梁编写，第 10 章由宋秀萍编写。本书在编写过程中，得到了相关通信设备商的技术支持及帮助，并参阅了部分通信专业相关的论著及一线工程师的相关操作经验，在此表示真诚谢意。

由于书中涉及 5G 新技术，加之编者水平有限，书中不妥之处，恳请专家和同行批评指正，也希望广大读者提出意见或建议。

编　者

2021 年 7 月

目　录

理　论　基　础

实 训 操 作

理论基础

1   回顾无线电发展史

【背景引入】

某著名通信设备公司企业文化中，明确提出了公司的愿景：丰富人们的沟通与生活。沟通就是信息传输的过程，可见信息传输是人类社会生活的重要内容。古代通过烽火、飞鸽和驿卒等通信方式传输信息，因此出现了一系列的通信相关词语：鸿雁传书、鱼传尺素、青鸟传书、黄耳传书、飞鸽传书、风筝通信、竹筒传书、灯塔、通信塔等，甚至到近现代，仍然保留着寄信这种传统的通信方式。而无线电的出现彻底打破了信息传输在时间与空间的限制，同时也出现了一系列的新名词：信息高速公路、地球村、秒到账、云办公等。

随着无线电技术的不断发展，通信技术在当今社会中的作用越来越大，甚至成为一个国家信息科技发展水平的重要标杆。了解无线电发展史才能更好地推动无线电技术向前发展，本章的内容结构如图 1-1 所示。

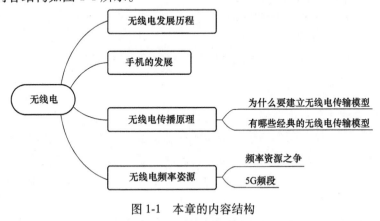

图 1-1   本章的内容结构

1.1   无线电发展进程

【提出问题】

无线电通信技术已经渗透了我们生活中的方方面面，它主要依靠无线电磁波进行数据传输，那无线电是谁最先发现的？它经历了一个怎样的发展历程？接下来的知识将给你答案。

【知识解答】

扫一扫查看回顾
无线电发展史

在沟通与生活的需求带动下，无线电发展经历了一个漫长的过程。从古代的烽火台通信，到现代的 4G 乃至 5G 移动通信，通信的方式越来越多、时间越来越短、内容越来越丰富，这都归功于无线电技术的发展，这里面倾注了很多著名科学家和更多无名工程师的心血，接下来我们详细梳理无线电发展的历程，先来看一个无线电发展历程的时间轴，分为无线电发展历程的理论阶段和实践阶段。

从图 1-2 和图 1-3 中可以看出，欧美国家是无线电理论的开拓者，随着中国加强了对通信技术的研发及应用，已经成功实现了无线通信的弯道超车。

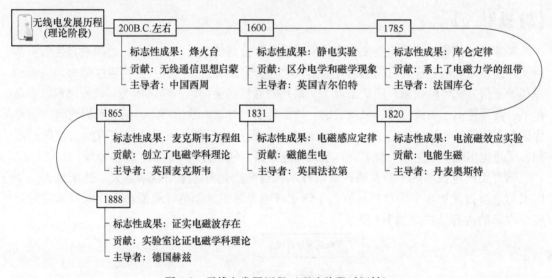

图 1-2 无线电发展历程（理论阶段时间轴）

A 无线通信的启蒙者——烽火台

无线通信的发展历程是十分漫长的，无线通信的思想可以追溯到中国古代的最为雄伟壮观的军事建筑——长城，而作为信息传输的鼻祖，烽火台第一次将人类带上了无线通信的发展道路，通过光和狼烟的形式，把信息传递给不断寻求文明进步的人们。今天，烽火台已经失去了快速传递战报的作用，而成为古代文明发展的里程碑和见证者。

B 来自医生的灵感——静电

16 世纪末，英国医生吉尔伯特对物理学产生了浓厚的兴趣，并一发不可收拾地对磁石和静电开始了研究。他把所有的空闲时间都泡在了实验室里，不断拿着各种颜色的石头以及铁片贴来贴去，观察出了很多有意思的现象。最令他兴奋的是，经过相互摩擦的红色玛瑙，竟然可以将小小的纸片吸引起来，这在当时是一项非常了不起的发现。他用观察、实验方法科学地研究了磁与电的现象，并把多年的研究成果写成名著《论磁》，定性分析了静电的特点，并针对磁力现象建立了一个相当重要的理论体系。

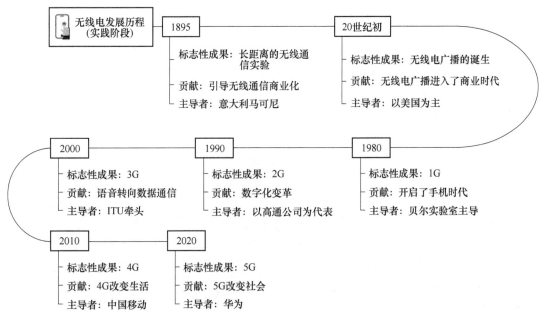

图 1-3 无线电发展历程（实践阶段时间轴）

C 电磁力学的纽带——库仑定律

法国工程师的库仑先生应法国科学院的悬赏，提出了在细小绳索上悬挂磁针进行指南的方法，以解决航海家们在海上航行时航海指南针指向不准的问题。他把一根细如发丝的线一端系在了天花板梁上，另一端则系上小磁针。他又拿来了另一个小磁棒，以及可以摩擦出静电的小电棒，在悬挂的小磁针面前轻轻地摆动。这一摆，就摆出了扭秤，也摆出了测量静电力与磁力的实验验证方法。库仑在 1785 年推导出了以他本人名字命名的著名电磁学定量定律——库仑定律，明确真空中两个静止的点电荷之间的相互作用力同它们的电荷量的乘积成正比，与它们的距离的二次方成反比，作用力的方向在它们的连线上，同名电荷相斥，异名电荷相吸。可以说库仑将吉尔伯特的理论推向了另一个高度。

D 电流磁效应实验——电能生磁

1820 年 4 月，在一次讲演快结束的时候，奥斯特抱着试试看的心情又做了一次实验。他把一条非常细的铂导线放在一根用玻璃罩罩着的小磁针上方，接通电源的瞬间，发现磁针跳动了一下。这一跳，使有心的奥斯特喜出望外，竟激动得在讲台上摔了一跤。但是在那次实验中，磁针偏转角度太小了，而且又很不规则，这一跳并没有引起听众注意。自那天以后，细心的奥斯特花了三个月，做了许多次实验，发现磁针在电流周围都会偏转。在导线的上方和导线的下方，磁针偏转方向相反。在导体和磁针之间放置非磁性物质，比如木头、玻璃、水、松香等，却不会影响磁针的偏转。1820 年 7 月 21 日，奥斯特把这一系列的实验结果写成名为《论磁针的电流撞击实验》的论文，这篇仅用了 4 页纸的论文，是一篇极其简洁的实验报告，正式向学术界宣告他发现了电流磁效应。至此，电与磁的秘密关系通过实验的方法被揭示出来。

E 电磁感应定律——磁能生电

1820 年 10 月 17 日，英国物理学家法拉第完成了在磁体与闭合线圈相对运动时，在闭合线圈中激发电流的实验。该实验表明，不论用什么方法，只要穿过闭合电路的磁通量发生变化，闭合电路中就有电流产生。这种现象称为电磁感应现象，所产生的电流称为感应电流。他称之为"磁电感应"。经过大量实验后，他终于实现了"磁生电"的夙愿，宣告了电气时代的到来。

F 麦克斯韦方程——电磁学科理论

法拉第开阔及具有远见的物理思想，强烈地吸引了同在英国的一位年轻人——来自英国苏格兰爱丁堡的麦克斯韦。麦克斯韦认为，法拉第的电磁场理论比当时流行的超距作用电动力学更为合理，他抱着用严格的数学语言来描述法拉第理论的决心闯入了电磁学领域，形成了麦克斯韦方程组，同时让麦克斯韦成为继法拉第之后集电磁学大成的伟大科学家。从麦克斯韦方程组可以推论出电磁波在真空中以光速传播，并进而做出光是电磁波的猜想，这是无线电理论发展的里程碑。麦克斯韦方程组和洛伦兹力方程是经典电磁学的基础方程。从这些基础方程的相关理论，发展出现代的电力科技与电子科技。

G 电磁学科理论的实验室论证——电磁波

赫兹用实验证明电磁波是存在的，且电磁波的传播速度相当于光速，赫兹实验为无线电、雷达和电视等无线电电子技术的发展开拓了创新途径。他对紫外光对火花放电的影响进行了研究，并从中发现了光电效应，认为在光的照射下物体能够释放电子，这个发现成为爱因斯坦建立光量子理论的基础。1889 年，在一次著名的演说中，赫兹明确地指出，光是一种电磁现象。至此，无线电这个概念也逐渐走入了科学研究的视野，他的发现继而被应用于人类无线电事业的开拓。

H 电磁波走出实验室，迎来了无线通信的启航——长距离的无线电通信实验

1896 年，马可尼抱着自己简陋的无线电发射机来到了工业革命的中心——英国，在伦敦开始了自己的创业生涯。当年的 6 月，他用电磁波进行了约 14.4km 距离的无线电通信实验，再一次展现了自己的才华。第二年的 7 月，以其名字命名的"马可尼无线电电报与信号有限公司"成立。

到 1901 年，马可尼用 10kW 的音响火花式电报发射机，完成了横跨大西洋 3600km 的无线电远距离通信。由于他的卓越贡献，马可尼获得 1909 年的诺贝尔物理学奖。

I 两次世界大战的爆发——无线电广播的遍地开花

1914 年，第一次世界大战爆发了，无线电立即成为将军们的新宠。

第二次世界大战开始前，无线电得到了一定程度的发展，聪明的英国人和美国人发挥了重要作用。

在两次世界大战期间，各国的无线电爱好者们也始终没有放弃自己的事业，而使得业余无线电通信蓬勃发展起来。1945 年，战争结束了，无线电发展迎来了和平的发展时期，一个值得一提的应用就是无线电广播。

J 国际电信联盟（ITU）的诞生——迎来了 1G 移动通信系统

集成电路技术、微型计算机和微处理器的快速发展，以及由美国贝尔实验室推出的蜂窝系统的概念和其理论在实际中的应用，使得美国、日本等国家纷纷研制出陆地移动电话

系统。国际电信联盟（ITU）的诞生，人们开始使用模拟制式的大哥大进行无线通信。此时的摩托罗拉公司成为无线通信的霸主。

K　数字化变革——2G 数字移动通信系统，3G 移动通信系统

从 20 世纪 80 年代中期，数字化革命开始了。从短波到超短波，只要能在无线通信的某一个部分加入计算机或数字信号处理，那么这个部分就成为数字化无线电的实践场所。

在这 20 年中，数字化无线电通信在其他领域也施展着自己的才华。广播、交通、文化领域，无不因为数字革命带来的新空气而以前所未有的速度向前跨越。当你乘坐 350km/h 的高速列车，在车上给亲友拨打电话，并观看来自移动基站的北京奥林匹克运动会开幕式转播实况时，你已经完全融入了这个全新的世界。是的，就是这样！

L　无线通信的未来——LTE 和 5G

自从人类社会诞生以来，如何高效、快捷地传输信息始终是人类矢志不渝的追求。从文字到印刷术，从信号塔到无线电，从电话到移动互联网，现代科技发展速度一直取决于信息传播速度，新的信息传播方式往往会给社会带来天翻地覆的变化。近年来，第五代移动通信系统（5G）已经成为通信业和学术界探讨的热点。5G 的发展主要有两个驱动力。一方面以长期演进技术为代表的第四代移动通信系统（4G）已全面商用，对下一代技术的讨论提上日程；另一方面，移动数据的需求爆炸式增长，现有移动通信系统难以满足未来需求，急需研发新一代 5G 系统。LTE 和 5G 就是最新的移动通信浪潮中现阶段进展。

2019 年 6 月 6 日，工信部正式向中国电信、中国移动、中国联通、中国广电发放 5G 商用牌照，中国正式进入 5G 商用元年。8 月 12 日，中国电信决定 9 月率先在京放出 5G 专用号段的手机号码，且老用户升级 5G 无须换卡换号。

2019 年 10 月 31 日，三大运营商公布 5G 商用套餐，并于 11 月 1 日正式上线 5G 商用套餐。标志着中国正式进入 5G 商用时代。

【知识总结】

可见，无线电技术经历了一个非常漫长的过程。在伟大的科学家及专业技术人员的带领下，依托全人类文明的进步才发展起来的，这是集体智慧的结晶，今后无线电技术将继续向前发展。

1.2　现代无线电发展的见证者——手机

【提出问题】

在现代生活中，手机已经成为人们生活中不可缺少的一部分。手机提供的功能已经触及了生活的方方面面，所以我们变得越来越依赖手机。手机原本只是一种通信工具，随着人们对信息交换和处理的需求不断攀升，智能手机诞生了，也就是我们手上用的智能机，可以用来聊天、上网、支付、定位等。那手机是怎么发展起来的呢？这就是本节要学习的内容。

【知识解答】

扫一扫查看
手机的演进

　　手机就是手提式电话机的简称，又称移动电话。随着人们生活水平的提高，人们几乎人手一部手机。回顾手机发展的过程，无论从造型还是功能都有了翻天覆地的变化。手机的发展也是经过了一次又一次的变革，才形成了如今多样化的造型、多样化的功能，而不再是单一的通信工具。

　　如图1-4所示，手机的发展主要经历了以下几个阶段：

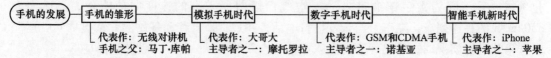

图1-4　手机的发展简史

　　A　手机的概念及雏形

　　在一些关于"二战"的电影中，经常可以看通信兵在战场上背着一个笨重的方块，手里拿着一个很大的类似于电话的东西在与后方或其他战线通信，虽然那只是无线电对讲机，但这些也是为手机制造者提供最初灵感的装置。

　　"二战"结束之后，贝尔实验室的科学家率先提出了手机的概念，这是手机史上重要的一步。不过后来在1973年4月3日，摩托罗拉前高管马丁·库帕在曼哈顿的试验网络上给在贝尔实验室工作的一位对手打通了史上第一个移动电话，这种电话重1.13kg，靠电池运行，体积庞大，总共可以通话10min左右，马丁·库帕因此被后人称为"手机之父"。

　　B　1G移动通信系统的手机——"大哥大"

　　1983年10月13日，美瑞泰克科技公司的高管鲍伯·巴内特拨通了美国有史以来第一个商用手机电话，这是一款由摩托罗拉生产的手机，通话时间半小时，销售价格为3995美元，又贵又重，这也就是我们常说的"大哥大"的雏形。

　　此时的大哥大其实就是模拟移动电话，也称为1G移动通信系统的手机，其通话质量完全可以与固定电话相媲美，通话双方能够清晰地听出对方的声音。但受到技术、材料等方面的限制，模拟移动通信与数字通信相比保密性能较差，极易被并机盗打，且只能局限于话音业务，无法提供丰富多彩的增值业务；网络覆盖范围小且漫游功能差。1G移动通信系统的手机是摩托罗拉的天下，第一台手机进入中国市场是在1987年，其型号为摩托罗拉3200，造型设计又大又重，也就是当时非常流行的"大哥大"，可以说"大哥大"手机就是身份和财富的象征。

　　C　2G移动通信系统的手机

　　随着运营商逐步推进2G网络退服，2G手机也将消失。但是2G手机走过了辉煌的二十多年，也见证了移动通信系统的重要发展历程。2G移动通信系统的手机包括GSM制式和CDMA制式两大阵营，而GSM手机也一直占据了2G市场的主导位置。

　　1995年1月，中国出现了第一款GSM手机——爱立信GH337。由于2G移动通信网络系统具有较强的保密性和抗干扰性，音质清晰，通话稳定，并具备容量大、频率资源利用率高、接口开放、功能强大等优点。各大手机生产商看好了这一新的商机，抛弃模拟制式的网络，争相拓展这一市场上的份额。与此同时，诺基亚、爱立信和摩托罗拉，成为2G手机的三大霸主。

2G手机在款式方面做过很多改进，比如翻盖、滑盖、折叠、三防功能、内置天线、手写笔、双屏显示、直板机、刀锋超薄等款式。在功能方面也做过很多创新，比如支持短彩信、内置游戏、WAP上网、具备中文手写识别输入、MP3音乐播放、移动存储器功能、彩屏功能、加密通信、内置摄像头等功能。2G手机的发展对后来智能手机的创新具有非常重要的推动及启发作用，直到今天的4G和5G手机，绝大部分还支持2G制式。所以说2G时代的手机在手机发展史画下了浓厚一笔。

D　智能手机新时代

2007年，手机经过多年的发展，已经基本成型，各个生产商基本确定了自己的风格。在iPhone带来革命性冲激之前，大家在各自的市场驰骋。同时大家又互相兼容并收，一个品牌的成功经验立刻被复制到另外一个品牌，你超薄我也超薄，你智能我也智能，你拍照我也拍照。

苹果在MP3市场取得巨大成功后，开始进入手机市场。600MHz的arm11处理器，3.5英寸真彩电容屏幕，比市面竞争对手先进5年的操作系统，iPhone带来的体验是革命性的，它的出现颠覆了整个手机市场，手机进入了一个新时代。智能手机发展到今天，手机市场已经发生了翻天覆地的变化，以前以摩托罗拉、诺基亚、西门子、爱立信、索爱、RIM（黑莓）、多普达、飞利浦、夏普、松下、索尼、三星、LG等为主流品牌，现在华为、苹果、OPPO、VIVO、小米等一统天下。

（1）手机操作系统。

智能手机的快速发展离不开操作系统的支持，流行的智能手机操作系统有塞班、安卓、微软Windows Phone、苹果iOS、黑莓等。按照源代码、内核和应用环境等的开放程度划分，智能手机操作系统可分为开放型平台（基于Linux内核）和封闭型平台（基于UNIX和Windows内核）两大类。智能手机经过这么多年的普及和淘汰，最终苹果iOS及谷歌安卓操作系统取得了主要的市场份额。

（2）苹果iOS。

iOS是由苹果公司开发的手持设备操作系统。苹果公司于2007年1月9日的Macworld大会上公布这个系统，以Darwin（Darwin是由苹果电脑的一个开放源代码操作系统）为基础，属于类Unix的商业操作系统。

（3）谷歌安卓。

Android英文原意为"机器人"，Andy Rubin于2003年在美国创办了一家名为Android的公司，其主要经营业务为手机软件和手机操作系统。Google斥资4000万美元收购了Android公司。

Android OS是Google与由包括中国移动、摩托罗拉、高通、宏达和T-Mobile在内的30多家技术和无线应用的领军企业组成的开放手机联盟合作开发的基于Linux的开源手机操作系统。并于2007年11月5日正式推出了其基于Linux 2.6标准内核的开源手机操作系统，命名为Android，是首个为移动终端开发的真正开放的和完整的移动软件。

Android平台最大优势是开放性，允许任何移动终端厂商、用户和应用开发商加入Android联盟中来，允许众多的厂商推出功能各具特色的应用产品。平台提供给第三方开发商宽泛、自由的开发环境，由此会诞生丰富的、实用性好、新颖、别致的应用。

　　E　未来的 5G 手机

　　科技越来越发达，时代前进的步伐越来越快。早期的手机只有拨打电话的功能，尔后慢慢增加了短信、彩信、照相、游戏等功能，屏幕也由黑白变为彩色。然而在几年后，当手机连接互联网后，整个世界有了意想不到的大转变，手机摇身一变成为了智能手机，APP 应用让人们的生活变得更加多彩。此时，手机不再是通话的工具，它与人类的欲望和科技互相搭载，其变化与价值更是惊人。

　　面对 5G 来临，在 5G 超高速和超低时延网络能力的支持下，智能手机必将与高清视频、虚拟现实、增强现实、全息视频、边缘计算、物联网等深度融合，激发出更多的应用，进一步丰富人们的生活，提高社会生产效率。

【知识总结】

　　可见，手机的发展主要来源于人们对无线通信需求的渴望和不断追求，而无线电技术恰好能满足这些需求。任何一种关键技术或者制造工艺的进步，都可能产生翻天覆地的变化。比如在 2G 时代，一些终端公司抓住了天线内置这种制造工艺，将"没有"天线的直板机做到了极致；苹果公司将手写屏幕替代键盘输入，将智能手机做到了极致。未来的手机会做成什么样子？相信手机还会朝着更加智能化的方向发展。

1.3　利用数学描述无线电传播

【提出问题】

　　数学是囊括宇宙奥秘的基础学科，它是所有自然学科的工具，所有自然现象都可以抽象、概括成一个数学模型，这就叫数学建模，这种方法在物理学研究中最为明显。物理模型抽取概念就是数学；而数学如果赋予物理概念、规律就变成了物理，可以说，一个物理学家至少是半个数学家。因此，物理的研究一定要有坚实的数学建模能力基础。

　　无线电传播不能一直停留在定性研究上。比如，必须要有定量研究的支持，才能设计出"恰当的"天线来接收或发送无线电信号。那应该怎样来描述无线电传播呢？

【知识解答】

　　无线电传播的定量研究，需要设计相应的传播模型。接下来将详细分析无线电传播模型的定量研究知识。

扫一扫查看无线电
传播模型介绍

1.3.1　无线电传播模型的产生背景

　　无线电波信道要成为稳定而高速的通信系统的媒介，需面临很多严峻的挑战，它不仅容易受到噪声、干扰、阻塞和多径的影响，而且由于用户的移动，这些信道阻碍因素随时间而随机变化。无线电传播的方式可以归纳为：直射、反射和绕射，不同距离下无线电波的传播方式有以下四种，如图 1-5 所示。

（1）直射波及地面反射波：属于视距传播，也就是在视线范围内的电磁波传播，主要包括平坦区域的直射波和地面的反射波，这是最一般的传播形式；

（2）对流层反射波：传播具有很大的随机性，这种传播主要依靠对流层的反射波传输，所以不确定性比较大，传播具有很大的随机性；

（3）山体、建筑绕射波：阴影区域信号来源，基本要通过绕射传播，信号质量比较弱；

（4）电离层反射波：超视距通信途径，这种电磁波传播距离较长，但是覆盖范围比较大。

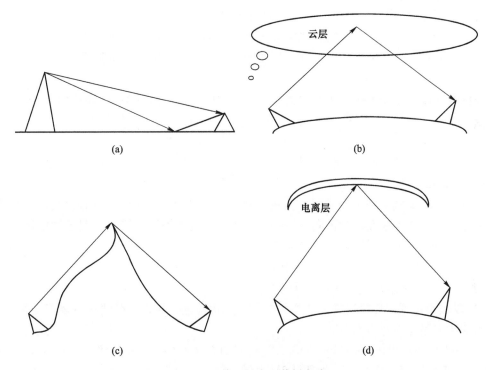

图 1-5　无线电的主要传播方式

（a）直射波及地面反射波；（b）对流层反射波；（c）山体、建筑绕射波；（d）电离层反射波

从上面的四种传播方式可以看出，无线电波的传播强度及覆盖范围不仅随着距离变化而变化，还与具体的应用场景有很大关系。所以需要针对相关场景设定无线电传播模型，才能更准确地研究无线传播特性。

1.3.2　经典的无线电传播模型

一个优秀的无线电传播模型要具有能够根据不同的特征地貌轮廓，像平原、丘陵、山谷等，或者不同的人造环境，例如开阔地、郊区、市区等，做出适当的调整。这些环境因素涉及了传播模型中的很多变量，它们都起着重要的作用。因此设计一个良好的无线电传播模型，就需要利用统计方法，测量出大量的数据，对基本模型进行校正。下面简单介绍几种典型的无线电传播模型，见表 1-1。

表 1-1 无线电传播模型

序号	模 型 名 称	适 用 范 围
1	自由空间传播模型	理想状态下的无线信道
2	Okumura-Hata 模型	适用于 900MHz 宏蜂窝预测
3	COST231-Hata 模型	适用于 1800MHz 宏蜂窝预测
4	COST231Walfisch-Ikegami 模型	适用于 900MHz 和 1800MHz 微蜂窝预测
5	Keenan-Motley 模型	适用于 900MHz 和 1800MHz 室内环境预测

（1）自由空间传播模型。

自由空间传播模型用于预测接收机和发射机之间是完全无阻挡的视距路径时接收信号的场强，属于大尺度路径损耗的无线电波传播的模型。信号能量在自由空间传播了一定距离后，信号能量也会发生衰减。通常卫星通信系统和微波视距无线链路是典型的自由空间传播。

在没有增益时，即天线具有单位增益，自由空间传播模型的路径损耗为 $P_L(\mathrm{dB})$：

$$P_L = 10\lg\frac{P_T}{P_R} = -10\lg\left[\frac{\lambda^2}{(4\pi)^2 d^2}\right] \tag{1-1}$$

从式（1-1）可以看出，路径损耗与无线电波长成正比、与传播距离成反比。

（2）Okumura-Hata 模型。

Okumura-Hata 模型是根据实测数据建立的，其特点是：以准平坦地形大城市地区的场强中值路径损耗作为基准，对不同的传播环境和地形条件等因素用校正因子加以修正。为了简化，Okumura-Hata 模型做了三点假设：

1）作为两个全向天线之间的传播损耗处理；

2）作为准平滑地形而不是不规则地形处理；

3）以城市市区的传播损耗公式作为标准，其他地区采用校正公式进行修正。

其传播的路径损耗为 $L_b(\mathrm{dB})$：

$$L_b = 69.55 + 26.16\lg f - 13.82\lg h_b - \alpha(h_m) + (44.9 - 6.55\lg h_b)\lg d$$

式中，f 为工作频率，MHz；h_b 为基站天线有效高度，m；h_m 为移动台天线有效高度，m；d 为移动台与基站之间的距离，km；$\alpha(h_m)$ 为移动台天线高度因子。

（3）COST231-Hata 模型。

欧洲研究委员会（陆地移动无线电发展）COST231 传播模型小组建议，根据 Okumura-Hata 模型，利用一些修正项使用频率覆盖范围从 1500MHz 扩展到 2000MHz，所得到的传播模型表达式称为 COST231-Hata 模型。与 Okumura-Hata 模型一样，COST231-Hata 模型也是以 Okumura 等人的测试结果作为依据。它通过对较高频段的 Okumura 传播曲线进行分析，得到的公式。

$$L_b = 46.3 + 33.9\lg f - 13.82\lg h_b - a(h_m) + (44.9 - 6.55\lg h_b)\lg d + C_m \tag{1-2}$$

式中，d 为距离，km；f 为频率，MHz；L_b 为城市市区的基本传播损耗中值；h_b、h_m 分别为基站、移动台天线有效高度，m。

（4）COST231Walfisch Ikegami 模型。

COST231Walfisch-Ikegami 模型可以用于估计市区环境蜂窝通信的路径损耗（广泛用于

建筑物高度近似一致的郊区和城区环境）。为了得到比较准确的估计，就需要考虑到建筑物的高度 h_b 和建筑物之间的距离 b 以及街道宽度 ω 这三个城市特征量。因此 COST231 Walfisch-Ikegami 模型使用起来比较复杂。

COST231Walfisch-lkegami 模型考虑了自由空间损耗、从建筑物顶到街面的损耗以及受街道方向影响的损耗，因此，可以计算基站发射天线高于、等于或低于周围建筑物等不同情况的路径损耗。

1）若发送端与接收端之间为视距传输（基站与手机之间有直射径的情况）。

此时路径损耗为 L：

$$L = 42.6 + 26\lg d + 20\lg f \quad d \geqslant 0.020\text{km} \tag{1-3}$$

式中，d 为发送端与接收端之间的距离，km；f 为频率，MHz。

2）若发送端与接收端之间为非视距传输（基站与移动台之间没有直射径的情况）。

这种情况算起来比较麻烦，此时路径损耗 L 由三部分组成：自由空间损耗+由屋顶下沿最近的衍射引起的衰落损耗+沿屋顶的多重衍射引起的衰落损耗。具体的数学计算方法这里就不描述。

（5）室内传播模型（Keenan-Motley 模型）。

室内传播损耗为 L_b：

$$L_b = L\_ss + kxF(k) + pxW(k) + D(d - d\_s) \tag{1-4}$$

其中，自由空间传播损耗 L_ss：

$$L\_ss = 32.5 + 20\lg f + 20\lg d \tag{1-5}$$

【知识总结】

在分析无线电传播过程中，熟悉经典的传播模型十分必要，而且需要结合具体的应用场景设计最接近的无线电传播模型，这对后期的基站建设与维护都有很大的帮助。

1.4　无线电的资源之争——频率

【提出问题】

我们都知道，如果要拉宽带上网，就必须接网线或者光纤等有线传输资源，距离远了还需要其他的有线设备支撑；而且如果要用更快的有线网络，则必须换成带宽更大的传输资源。那无线电通信中，是不是也有类似的传输资源呢？

【知识解答】

扫一扫查看无线电的
资源之争——频率

上述问题的答案是肯定的，无线电通信也有相应的传输资源，也就是无线信号的带宽。带宽是信号频谱的宽度，也就是信号的最高频率分量与最低频率分量之差。接下来我们详细介绍无线电磁波频率的相关知识。

1.4.1　什么是电磁波的频率

　　电能生磁，磁能生电，变化的电场和变化的磁场构成了一个不可分离的统一的场，这就是电磁场，而变化的电磁场在空间的传播形成了电磁波，所以电磁波也常称为电波。它在真空中的传播速率约为每秒 30 万千米。电磁波包括的范围很广，实验证明，无线电波、红外线、可见光、紫外线、X 射线、γ 射线都是电磁波。光波的频率比无线通信的电磁波频率要高很多；而 X 射线和 γ 射线的频率则更高。为了对各种电磁波有个全面的了解，人们将这些电磁波按照它们的波长或频率、波数、能量的大小顺序进行排列，这就是电磁波谱。

　　频率或者波长是表达一个电磁波其内在性质的重要参数，前者指的是电磁波在一秒钟内电磁波振动方向改变的次数，而波长则是电磁波的另一个表达单位，指的是电磁波每个周期的相对距离，它可以通过电磁波的传输速度除以频率算出。电磁波的频率越高，相应的波长就越短。所以说电磁波每秒振动的周期数，称作为电磁波的频率。

1.4.2　无线通信用的是哪段频率

　　图 1-6 是无线电波的部分频谱，包括无线通信、可见光的频谱，从图中可以看出：波长大概从 3km 到 3mm，即频率从 100kHz 到 100GHz，一般用于电视和无线电广播、手机等无线通信。可见，无线通信用的频段大概是 100kHz 到 100GHz。

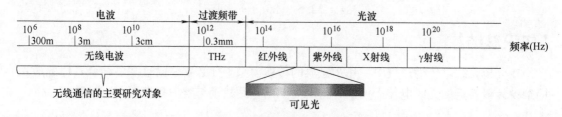

图 1-6　无线电波的部分频谱

1.4.3　为什么电磁波频率是运营商必争之地

　　A　电磁波频率资源是有限的

　　首先我们来讨论一下电磁波的频率是否有上限。γ 射线的频率非常高，频率范围在 $10^{18} \sim 10^{22}$ Hz，波长不到 0.001nm。当原子核发生能级跃迁时，便会产生 γ 射线，这种射线对人体的伤害非常大，γ 射线的频率已经很高了，但这并不是最高的，科学家在实验室中已经能够产生 10^{26} Hz 的电磁波，此时的电磁波性质更偏像粒子。

　　光速不变，根据波长和频率的关系，似乎只要波长无限短，电磁波的频率就能无限高。量子力学告诉我们，从微观世界来看物质的运动并不是连续的，而且存在最小的运动变化尺度。这并不是数学题，根据量子力学，电磁波的波长不能无限短，因此电磁波的频率必然就存在一个上限值。这个极短的长度被叫作普朗克长度，其大小约为 1.6×10^{-35} m，仅相当于一个质子直径的 10^{22} 分之一。通过计算，理论上电磁波的最高频率不能超过 1.9×10^{43} Hz。这与人类目前所能产生的超高频电磁波相比，它们之间相差了 17 个数量等级。

频率这么高的电磁波，也许只能在宇宙大爆炸时才能产生。

所以说，不能仅仅根据公式（1-6）来判断频率是无限高的，这不是一个简单的数学问题。可见电磁波频率资源是有限的。

$$c = \lambda f \tag{1-6}$$

B　不同频段的无线电波有不同的传输特点

从前面的内容可以看出，无线通信用的频段大概是 100kHz 到 100GHz。即运营商能够使用的频率就是这个范围，分完了就没有了。

另外，从式（1-1）可以看出，路径损耗与无线电波长成正比、与传播距离成反比。也就是说，频率越高，其覆盖的范围越小。而从另一个方面来讲，频率越高，可以看成是一个符号持续的时间越短，即单位时间传输的符号越多，传输速率就越快。可以这样理解，覆盖和带宽是水火不容的，要想有很好的覆盖，则带宽受限。

因此对于运营商来说，频率越低建网成本越低，蕴含着巨大的经济利益。对于运营商来说，使用更低的无线频率部署移动通信网络，同等面积可以使用更少的基站。而更少的基站，不管是建设成本还是维护成本，很显然的都要少很多。但是，频率越低的频带越窄，无法获得较大的带宽，这对传输速率有很大的影响，而且对要求对应的天线振子过大，这样严重影响了 Massive MIMO 的使用。

【知识总结】

可见，频率是运营商珍贵的资源，要根据自身的建网情况及需求来申请。不通过申请而直接使用电磁波频率进行无线通信的行为可能是违法的，而且容易干扰正常的无线通信。比如非法电台、伪基站等，都是违法的行为。

1.5　5G　频　段

【提出问题】

为什么要给 5G 划分频段？这些频段由谁来划分？划分频段的原则是什么？5G 的频段怎么划分？

【知识解答】

带着这些问题，我们来逐一解答：

1.5.1　划分频段的原因

扫一扫查看
5G 频段介绍

不同频段的电磁波的传播方式和特点各不相同，所以它们的用途也就不同。在无线电频率分配上有一点需要特别注意的，就是干扰问题。因为电磁波是按照其频段的特点传播的，此外再无什么规律来约束它。因此，如果两个电台用相同的频率（f）或极其相近的频率工作于同一地区（S）、同一时段（T），就必然会造成干扰。因为现代无线电频率可供使用的范围是有限的，不能无秩序地随意占用，而需要仔细地计划加以利用。

1.5.2　电磁波频段的管理者

因为电磁波是在全球传播的，所以需要有国际的协议来解决。不可能由某一个国家单独确定。因此，要有专门的国际会议来讨论确定这些划分和提出建议或规定。现在进行频率分配工作的世界组织是国际电信联盟（ITU）。其下设有：国际无线电咨询委员会（CCIR），研究有关的各种技术问题并提出建议；国际频率登记局（IFRB），负责国际上使用频率的登记管理工作。

1.5.3　划分频段需要遵循的原则

考虑频率的分配和使用主要根据以下两点要求：
（1）各个波段电磁波的传播特性；
（2）各种业务的特性及共用要求。其他还要考虑历史的条件、技术的发展等。

1.5.4　频段的划分结果

5G 频谱分为两个区域 FR1 和 FR2，FR 就是 Frequency Range 的意思，即频率范围。

（1）FR1 的频率范围是 450MHz 到 6GHz，也叫 Sub 6G（低于 6GHz）。

（2）FR2 的频率范围是 24~52GHz，这段频谱的电磁波波长大部分都是毫米级别的，因此也叫毫米波 mmWave（严格来说大于 30GHz 才叫毫米波）。

5G NR 的频段号以"n"开头，与 LTE 的频段号以"B"开头不同。目前 3GPP 指定的 5G NR 频段见表 1-2 和表 1-3。

表 1-2　FR1 的频段

NR 操作频段	上行链路工作频段/MHz	下行链路工作频段/MHz	双工模式
n1	1920~1980	1920~1980	FDD
n2	1850~1910	1930~1990	FDD
n3	1710~1785	1805~1880	FDD
n5	824~849	869~894	FDD
n7	2500~2570	2620~2690	FDD
n8	880~915	925~960	FDD
n12	699~716	729~746	FDD
n20	832~862	791~821	FDD
n25	1920~1980	1920~1980	FDD
n28	703~748	758~803	FDD
n34	2010~2025	2010~2025	FDD
n38	2570~2620	2570~2620	TDD
n39	1880~1920	1880~1920	TDD
n40	2300~2400	2300~2400	TDD
n41	2496~2696	2496~2696	TDD
n51	1427~1432	1427~1432	TDD

NR 操作频段	上行链路工作频段/MHz	下行链路工作频段/MHz	双工模式
n66	1710~1780	2110~2200	FDD
n70	1695~1710	1995~2020	FDD
n71	663~698	617~652	FDD
n75	N/A	1432~1517	SDL
n76	N/A	1427~1432	SDL
n77	3300~4200	3300~4200	TDD
n78	3300~3800	3300~3800	TDD
n79	4400~5000	4400~5000	TDD
n80	1710~1785	N/A	SUL
n81	880~915	N/A	SUL
n82	832~862	N/A	SUL
n83	703~748	N/A	SUL
n84	1920~1980	N/A	SUL
n86	1710~1780	N/A	SUL

表 1-3　FR2 的频段

NR 操作频段	上行链路和下行链路工作频段/MHz	双工模式
n257	26500~29500	TDD
n258	24250~27500	TDD
n260	37000~40000	TDD
n261	27500~28350	TDD

2019 年 6 月 6 日工信部向中国电信、中国移动、中国联通、中国广电发放 5G 商用牌照。四大运营商获得的 5G 频谱见表 1-4。

表 1-4　我国运营商的 5G 频率

运营商	频段/MHz	总资源/MHz
中国移动	2525~2675，4800~4900	两段共 260
中国电信	3400~3500	共 100
中国联通	3500~3600	共 100
广电	4900~4960	共 60

【知识总结】

5G 频段的划分与之前 4G、3G 和 2G 的频谱划分差不多，只是基于 5G 网络的特点，其频段比较高，可供划分的频段比较大。如果 2G 或者 3G 网络退服了，空出来的频段同样可以重新划分。所以，频段是越用越少，需采用相关的技术来提高频谱利用率，这也是通信业界不断追求的重要目标之一。

1.6 本 章 小 结

本章内容是无线电发展史的一个缩影。无线电技术是一门由物理学科延伸出来的技术，经历了很多科学家的发现才得到了快速发展，文中通过引述科学家的重要事件来讲述无线电理论的发展历程；同时拿手机作为现代无线电发展的见证者，系统地说明了现代无线电发展情况。本书的定位是工程技术应用，但是为了让读者能够了解无线电传播的原理，利用数学简单描述了无线电传播模型，供读者学习和参考。最后将无线电频率和频段作为本章的核心内容之一，详细说明了频率的定义、特点及应用场景，并且列举了5G频段的划分情况，供读者参考学习。

1.7 思考与练习

A 选择题

（1）高低频协作可以服务不同场景，如使用低频进行连续覆盖，中频进行基础覆盖，高频进行热点/室内覆盖，协同保证5G网络的覆盖、速率、时延等性能，5G采用大规模天线不断提升网络性能，频谱效率相对4G可提升几倍？（　　）

A. 1~2　　　　　　B. 2~5　　　　　　C. 3~5　　　　　　D. 3~6

（2）在5G技术发展成熟之前，无线网络共发展了几代？（　　）

A. 1　　　　　　　B. 2　　　　　　　C. 3　　　　　　　D. 4

（3）为满足5G需求和打造一个先进的面向未来的网络，5G核心网从4个系统设计理念出发，通过几大技术方向推进了架构的变革？（　　）

A. 4　　　　　　　B. 8　　　　　　　C. 6　　　　　　　D. 2

（4）相比2G/3G/4G，以下哪一项是5G的特点？（　　）

A. 差异化的体验　　B. 移动通信　　　C. 不限流量计费　　D. 物联网应用

（5）5G标准协议规范是由以下哪个组织制定？（　　）

A. 3GPP　　　　　B. OTSA　　　　　C. 3GPP2　　　　　D. IEEE

（6）3GPP R15定义5G毫米波是指高于以下哪一项的频谱？（　　）

A. 20GHz　　　　　B. 10GHz　　　　　C. 3GHz　　　　　D. 6GHz

（7）在如下哪种场景中，毫米波与分米波的传播性能最接近？（　　）

A. 信号直射　　　　B. 信号衍射　　　C. 信号绕射　　　　D. 信号穿透外墙

（8）5G毫米波的最大带宽为（　　）。

A. 50MHz　　　　　B. 100MHz　　　　C. 200MHz　　　　D. 400MHz

（9）5G毫米波是指高于以下（　　）频谱。

A. 20GHz　　　　　B. 10GHz　　　　　C. 3GHz　　　　　D. 6GHz

（10）以下哪一项不属于用于5G网络覆盖的频段。（　　）

A. 150GHz　　　　　B. 2.6GHz　　　　C. 28GHz　　　　　D. 3.5GHz

B 判断题

（1）高频毫米波频段主要用于5G无线连续覆盖。　　　　　　　　　　　　　（　　）

（2）5G 是新应用，新商业模式，新产业的平台。　　　　　　　　（　　）

（3）4G 提供以人为中心的网络，而 5G 提供以业务为中心的网络。　（　　）

（4）低频 C 波段主要用于 5G 无线热点扩容。　　　　　　　　　　（　　）

（5）2019 年中国进入 5G 商用元年。　　　　　　　　　　　　　　（　　）

（6）2019 年工信部向中国联通分配了总数为 260MHz 的频谱资源用于 5G 网络建设。
　　　　　　　　　　　　　　　　　　　　　　　　　　　　　　（　　）

（7）毫米波可以应用在室内人流热点区域、室外人流热点区域以及建筑密集热点区域
等。　　　　　　　　　　　　　　　　　　　　　　　　　　　　　（　　）

（8）全球 5G 主用频段是高频毫米波。　　　　　　　　　　　　　（　　）

（9）2019 年 6 月 6 日，工信部向中国电信、中国移动和中国联通共发放了 3 张 5G 牌
照。　　　　　　　　　　　　　　　　　　　　　　　　　　　　　（　　）

（10）2019 年 6 月 6 日，工信部向中国移动等运营商发放 5G 商用牌照，中国移动获
得的 5G 频谱 2525~2675MHz 以及 4800~4900MHz 两段共计 260MHz。　（　　）

（11）5G 频谱分为两个区域 FR1 和 FR2，FR1 的频率范围是 450MHz 到 6GHz，FR2
的频率范围是 24GHz 到 52GHz。　　　　　　　　　　　　　　　　（　　）

（12）无线电传播的方式有直射、反射和绕射等三种。　　　　　　（　　）

（13）自由空间传播模型用于预测接收机和发射机之间是完全无阻挡的视距路径时接
收信号的场强，属于小尺度路径损耗的无线电波传播的模型。　　　　（　　）

C　简答题

（1）无线电发展历程中，物理学家麦克斯韦所做的主要贡献是什么？

（2）当今手机的主流操作系统有哪些？请对身边的同学或朋友做一个调查，他们的手
机是什么操作系统？

（3）自由空间传播模型中，路径损耗主要与哪些因素有关？

（4）什么是无线电频率？频率与覆盖及传输速率有什么关系？

（5）我国运营商使用的 5G 频段有哪些？

（6）为什么 TDD 的上、下行频率是一样的，而 FDD 的上、下行频段不一样？请说明
理由。

2 天线基础知识

【背景引入】

天线是在无线电收发系统中，将来自发射机的导波能量转变为无线电波，或者将无线电波转为导波能量，即用来发射和接收无线电波的装置，是无线电通信系统中必不可少的部分。图 2-1 是无线通信系统的组成框图。对于无线通信来说，空中传播这部分才是速率的瓶颈所在。所以天线装置对无线通信来说至关重要。

信息源
信号变换
发射机
接收机
信号逆变换
受信者

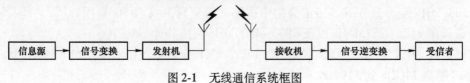

图 2-1　无线通信系统框图

本章的内容结构如图 2-2 所示。

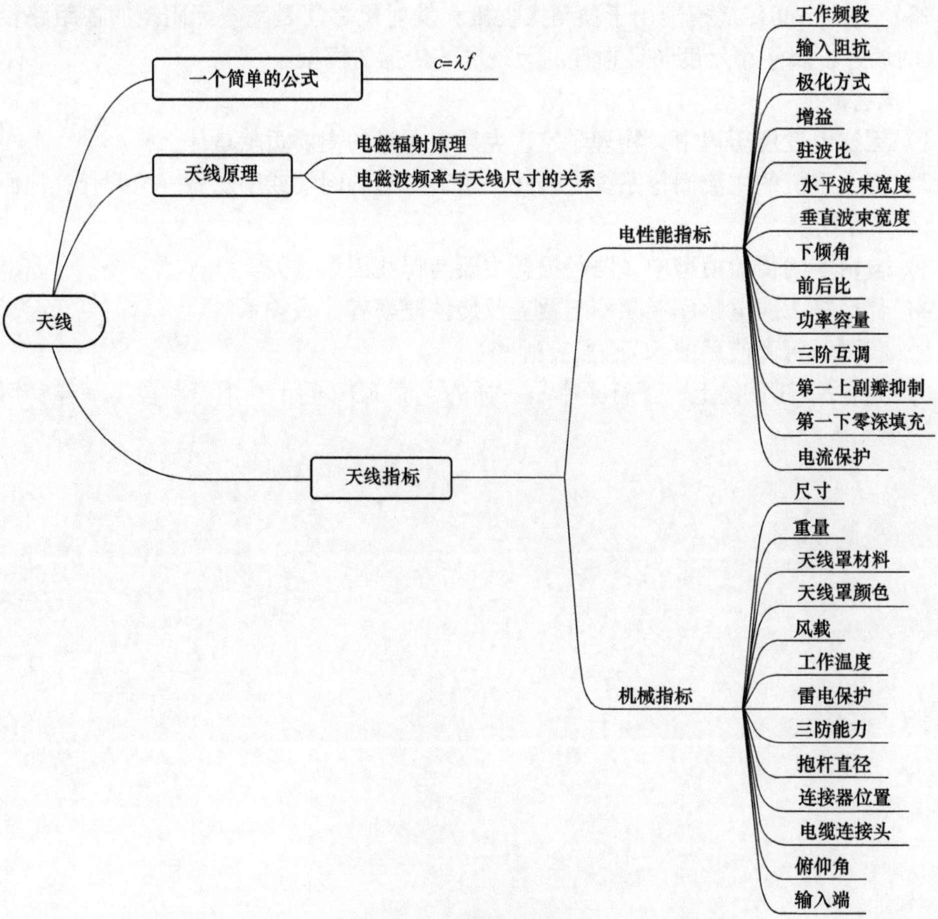

天线
一个简单的公式
c=λf
天线原理
电磁辐射原理
电磁波频率与天线尺寸的关系
天线指标
电性能指标
工作频段
输入阻抗
极化方式
增益
驻波比
水平波束宽度
垂直波束宽度
下倾角
前后比
功率容量
三阶互调
第一上副瓣抑制
第一下零深填充
电流保护
机械指标
尺寸
重量
天线罩材料
天线罩颜色
风载
工作温度
雷电保护
三防能力
抱杆直径
连接器位置
电缆连接头
俯仰角
输入端

图 2-2　本章的内容结构

2.1　一个简单的公式

【提出问题】

电磁波是无线通信的传输介质。在第 1 章介绍过电磁波的频率资源是有限的，而 5G 网络采用的频率比较高。那 5G 网络呈现什么特点呢？

【知识解答】

扫一扫查看一个
简单而又重要的公式

大家都知道，无线通信是采用电磁波进行通信。电磁波在第 1 章介绍过，它的主要特性是由频率决定的。不同频率的电磁波体现的特性不一样，从而用途也不一样。例如，可见光可让人类看得清，可以用于照明；高频的 X 射线，具有很强的穿透力，可以用于医学影像；更加高频的 γ 射线，具有很大的杀伤力，可以用来治疗肿瘤；较高频率的无线电波，具有较长距离的传输能力，所以用来无线通信，这才成全了能够边坐地铁边刷网络，让上下班旅程不那么无聊。

接下来回顾一个高中学的公式：光速等于波长乘以频率。

$$c = \lambda f \qquad (2\text{-}1)$$

式中，c 为光速，真空中的取值为 299792458m/s，简单记忆真空中的光速为 3×10^8 m/s；λ 为波长，单位为 m；f 为频率，单位为 Hz。

高中课本是通过讲解机械波而引入这个公式的。因为电磁波也是一种波，所以这个公式既适用机械波，又适用电磁波。这个公式只有三个字母，即三个物理量，看起来非常简单，但容易记混，可以试试通过三个物理量的单位来记，这样不容易记错。

无线通信用到电磁波的频率范围大概是 3MHz~30GHz。这段频率主要呈现以下三个特点：

（1）频率越高，能使用的频率资源越丰富，即能实现的传输速率就越高。

（2）频率越高，波长越短，越趋近于直线传播（绕射能力越差）。

（3）频率越高，在传播介质中的衰减也越大。

相反，频率越低，呈现的特点刚好相反。由于低频段的电磁波已陆续被 2G、3G 和 4G 网络占用，5G 网络只能往高频段分配，这样将使得 5G 网络呈现传输速率高、传播衰减快、覆盖能力差的特点。

【知识总结】

无线电磁波频谱资源的使用是有规划的，为了防止干扰，不能重复使用。可见电磁波的频率是稀缺资源。

2.2　天　线　原　理

【提出问题】

小时候家里的收音机、电视机，都带着可以灵活转动拉伸的杆子，或许大家也发现这个杆子的长度、方向与收音机、电视的接收效果有某种神秘的联系；长大后，发现手机"没有"天线了，尤其是对于 2000 年之后出生的人来说，都已经习惯看到手机没有天线的样子。其实天线是一种习以为常的硬件设备，广泛应用于广播、电视、无线电通信、雷达、导航、电子对抗、遥感、射电天文等领域，即所有通过电磁波传输信号的设备都得带着天线。但是如何高效地发送和接收电磁波信号呢？这需要深入了解天线的理论知识，即电磁辐射原理；同时需要掌握天线尺寸的设计方法。这样才能解答为什么电磁波接收和发送都需要天线，现代手机看不到天线。

【知识解答】

接下来介绍电磁辐射原理知识，阐述天线产生的原因；同时分析天线设计尺寸与电磁波频率的关系。

2.2.1 天线的由来——电磁辐射原理

扫一扫查看
电磁波辐射原理

天线的本质是辐射和接收电磁波。天线的作用是完成高频电流中的导行波能量与自由空间的电磁能量之间的转换，实际上是一个换能装置。天线长短需根据电磁波波长来设计，首先我们来看一下天线的电磁辐射及电波传输原理。

电磁辐射的原理来源于麦克斯韦方程组。物理学家麦克斯韦总结了法拉第、安培、高斯、库仑等前人的工作，用数学方式创建了严谨的电磁理论学说。式（2-2）为麦克斯韦方程组：

$$
\begin{cases}
\nabla \times E(r,t) = -\dfrac{\partial}{\partial t}B(r,t) \\[2mm]
\nabla \times H(r,t) = J(r,t) + \dfrac{\partial}{\partial t}D(r,t) \\[2mm]
\nabla \times D(r,t) = \rho(r,t) \\[2mm]
\nabla \times B(r,t) = 0
\end{cases}
\tag{2-2}
$$

（1）方程组的第一个公式是总结的法拉第的成果，也称为电磁感应定律，可以理解为：变化的磁场可以产生电场；

（2）第二个公式是总结后的全电流安培环路定律，理解为：传导电流和变化的电场都可以产生磁场；

（3）第三个公式是电场高斯定理，理解为：电荷可以产生电场；

（4）第四个公式是磁场高斯定理，理解为：磁场是无散场。

以上四个公式需要较好的高等数学功底和物理知识背景才能完全理解，我们可以根据自己的学习及工作需要来掌握。麦克斯韦电磁理论学说是对电磁波存在的一种预言，虽然这种预言只停留在理论阶段，但是它让人类在电磁波的探索之路迈开了非常重要的一步。

真正把这种理论带进实验室的是科学家赫兹。赫兹在柏林大学随赫尔姆霍兹学物理时，受赫尔姆霍兹之鼓励研究麦克斯韦电磁理论，当时德国物理界深信韦伯的电力与磁力可瞬时传送的理论。因此赫兹就决定以实验来证实韦伯与麦克斯韦理论谁的正确。于是在 1886 年完成了著名的电磁波辐射实验，证明了麦克斯韦的电磁理论学说及电磁波存在的预言。而把电磁波从实验室带到千家万户的生活中是另外几位科学家，他们实现了无线电远距离传播，并很快投入商业应用。

根据麦克斯韦方程组，导电体上随时间变化的电流会产生电磁辐射。研究电磁波的辐射，具有双重含义：一方面，电磁辐射是有害的，导电系统的电磁辐射场会对系统本身或者其他系统形成干扰，因此在系统设计时，需要进行合理的考虑，使系统的电磁辐射及防护达到规定的指标，达到规定的电磁环境的要求，以使系统中各电路之间以及各电子系统之间互不干扰地正常工作，这一研究范围称为电磁兼容；另一方面，电磁辐射是有益的，可以被有效地利用，利用电磁辐射源与场的关系，合理地设计辐射体——天线，使电磁能量能够携带有用的信息，有效地辐射到指定的空间区域，实现无线电通信等用途。后者才是本章讨论的重点。

接下来介绍天线的辐射原理。首先看看理想平行传输导线的电磁能量分布情况，如图 2-3 所示。图中上半部分为终端开路的理想平行传输线，它连接到交变的射频信号源上，因此平行传输线上的交变电流可以在其周围产生交变的电磁场。然而，由于双导线之间的距离远远小于工作波长，在双导线的任意横截面位置上，两根导线上的电流始终是振幅相等、方向相反。因此，两根导线在离开本身较远的空间任一点处产生的场彼此抵消，电磁能量于是被束缚在双导线的附近区域，形成一个保守系统。

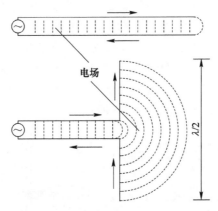

图 2-3　开路传输线与半波对称阵子

图 2-3 所示的上半部分为两条张开 180° 的导线，分别与原导线垂直，当总长度等于半个波长时，形成半波对称振子。此时，半波对称振子对应的上下两线段上的电流可以转为同相，由此二者在空间不同位置上产生的场不再是相互抵消，而是完全叠加或者部分叠加。于是形成了开放的辐射系统——天线。

天线周围的空间电磁场根据特性的不同又可划分为三个不同的区域：感应近场、辐射近场、辐射远场，如图 2-4 所示，它们的区分依靠离开天线的不同距离来限定。在这些场区交界的距离处电磁场的结构并无突变发生，但总体上来看，三个区域的电磁场特性是互不相同的。

上面介绍了天线的电磁辐射原理，这是使用天线的根本原因。在学习天线知识的时候，往往会出现两个极端：一是沉浸在麦克斯韦方程组中，加上方程组本身就比较难理解，导致对天线的由来很模糊；二是着重关注天线的使用及特性，而对天线的辐射原理不

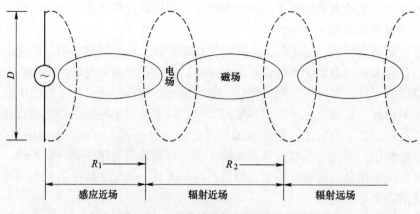

图 2-4　电磁波的辐射与场区的划分

熟悉。这两种情况都将使天线的理论知识与实践技能脱节，不利于天线技术的发展。因此本小节是为了学习天线的技能做准备。

2.2.2　电磁波频率与天线尺寸的关系

扫一扫查看
天线与频率的关系

　　天线是用户终端与基站设备间通信的桥梁，广泛应用于长距离移动通信和短距离无线通信系统中。随着移动通信的迅猛发展，天线技术也被倒逼产生了巨大的变革和创新，比如从 3G 中引入了 MIMO 技术，直至 5G 的 massive MIMO，一直追求对天线技术的深入研究。前面的内容介绍过，在移动通信系统中主要采用半波阵子作为天线设计的基本元素，即具有一半接收波长度的振子，如图 2-5 所示。

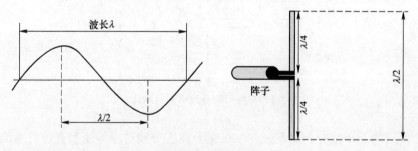

图 2-5　半波阵子

　　从上图中可以看出，无线电磁波的波长决定了天线的尺寸，而根据式（2-1）可以得出，无线电磁波的频率决定了天线的尺寸。下面针对红米手机 Redmi 10X 支持的其中一个 5G 频段 N78：4.8~4.9GHz，计算该频段电磁波对应半波阵子的尺寸。

取频率 4.9GHz，根据式（2-1）得到对应的波长：

$$\lambda = 3 \times 10^8 / 4.9 \times 10^9 \mathrm{m} \approx 0.061\mathrm{m} \tag{2-3}$$

得到频率 4.9GHz 频率的振子长度：

$$L = \lambda/2 = 3\mathrm{cm} \tag{2-4}$$

用式（2-3）和（2-4）分别计算 2G、3G、4G 和 5G 网络所用天线的尺寸。我们仍然以红米手机 Redmi 10X 为例，该手机是多模手机，支持的频段及对应的半波阵子长度见表 2-1。

表 2-1 红米手机 Redmi 10X 支持的网络频段

网络	制　式	频　　段	半波阵子/mm
2G	GSM	B2/B3/B5/B8	79
	CDMA 1X	BC0	182
3G	WCDMA	B1/B2/B4/B5/B8	87
	CDMA EVDO	BC0	182
4G	FDD-LTE	B1/B2/B3/B4/B5/B7/B8	87
	TDD-LTE	B34/B38/B39/B40/B41	58
5G	NR	n1/n3/n41/n78/n79	30

毫米波也是 5G 的频段，如果采用毫米波通信，其天线尺寸将更加小，非常适合大规模天线的场景，比如 Massive MIMO。天线的长短是根据中心工作频率的波长来决定的，可以得出结论：天线的长短和波长成正比，所以和频率成反比，频率越高，波长越短，天线也就可以做得越短，这也能解释为什么现在 4G 和 5G 手机的天线"不见"了，是因为天线足够短，以至于可以藏起来。

【知识总结】

天线在通信系统中占据举足轻重的作用，天线的质量直接决定通信系统的相关性能，天线的尺寸直接影响用户的体验。

2.3 天 线 指 标

【提出问题】

在无线传输中，天线是其中一个十分关键的环节，无线电磁波的发射和接收均由天线来完成，因此天线设计的好坏直接关系无线传输的性能。而天线指标是设计天线的重要依据，有哪些天线指标，具体的含义是什么？

【知识解答】

天线指标分为电性能指标和机械指标，部分指标是某些天线特有的，而且有些天线指标在特定的使用环境中才会有的，所以一般讨论通用指标。整理的天线通用指标参数见表 2-2。

表 2-2 天线通用指标

电性能指标	参 考 值	机械指标	参 考 值
工作频段	870~960MHz	尺寸	1319/323/71mm
输入阻抗	50Ω	重量	10kg

续表 2-2

电性能指标	参 考 值	机械指标	参 考 值
极化方式	垂直	天线罩材料	UPVC
增益	15dBi	天线罩颜色	灰色
驻波比	≤1.4	风载	210km/h
水平波束宽度	65	工作温度	−40~65℃
垂直波束宽度	11.5	雷电保护	直流接地
下倾角	5°	三防能力	
前后比	>25	抱杆直径	50~100mm
功率容量	500W	连接器位置	底部
三阶互调	<107	电缆连接头	DIN（F）或 N（F）
第一上副瓣抑制	<−15	俯仰角	0~15°
第一下零深填充	>−25	输入端	7/16 DIN-Female
电流保护	直流接地		

下面详细介绍其中几个重要的天线指标。

2.3.1　输入阻抗

天线的输入阻抗是指天线与馈线连接端的高频电压与电流之比。就是图 2-6 这部分线缆的电阻值。在天线的设计与使用中，要选择合适的馈线和阻抗匹配器，以保证天线的输入阻抗与馈线的特性阻抗匹配，使输入天线或从天线输出的功率最大。

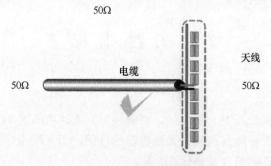

图 2-6　线缆的电阻值

2.3.2　驻波比

当馈线和天线匹配时，高频能量全部被负载吸收，馈线上只有入射波，没有反射波。而当天线和馈线不匹配时，也就是天线阻抗不等于馈线特性阻抗时，负载就不能全部将馈线上传输的高频能量吸收，而只能吸收部分能量。入射波的一部分能量反射回来形成反射波。驻波比越大，反射越大，匹配越差。

天线驻波比是表示天馈线与基站匹配程度的指标。如图 2-7 所示，它的产生是由于入射波能量传输到天线输入端后未被全部辐射出去，产生反射波，叠加而成的。假设基站发射功率是 10W，反射回 0.5W，由此可算出回波损耗：$RL = 10\lg(10/0.5) = 13\text{dB}$，计算反射系数：$RL=-20\lg\Gamma$，$\Gamma=0.2238$。计算的驻波比 $VSWR$ 如下：

$$VSWR = (1+\Gamma)/(1-\Gamma) = 1.57$$

一般要求天线的驻波比小于 1.5，驻波比是越小越好，但工程上没有必要追求过小的驻波比。驻波比判断及处理，可以采用驻波仪进行测试分析。如果驻波比较高，可能有以下几种原因：

（1）天馈线进水。

（2）器件损坏，有可能是耦合器、功分器、电桥或其他设备。

（3）馈线断开。

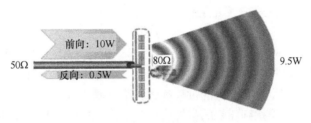

图 2-7　驻波比

2.3.3　天线的方向性

天线的方向性是指天线向一定方向辐射电磁波的能力。对于接收天线而言，方向性表示天线对不同方向传来的电波所具有的接收能力。天线的方向性的特性曲线通常用方向图来表示。方向图可用来说明天线在空间各个方向上所具有的发射或接收电磁波的能力。

2.3.4　天线的工作频段范围

（1）无论是发射天线还是接收天线，它们总是在一定的频率范围内工作的，如图 2-8 所示。

（2）从降低带外干扰信号的角度考虑，所选天线的带宽刚好满足频带要求即可。

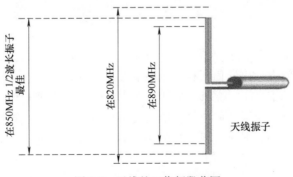

图 2-8　天线的工作频段范围

2.3.5　水平波瓣宽度、垂直波瓣宽度和增益

对于不同的传播环境、不同的地形地物，所选天线的水平波瓣宽度、垂直波瓣宽度和增益是不同的，一般可遵循下面总的原则：

（1）水平波瓣宽度的选取：基站数目较多、覆盖半径较小、话务分布较大的区域，天线的水平波瓣宽度应选得小一点；覆盖半径较大，话务分布较少的区域，天线的水平波瓣宽度应选得大一些。

（2）垂直波瓣宽度的选取：覆盖区内地形平坦，建筑物稀疏，平均高度较低的，天线的垂直波瓣宽度可选得小一点；覆盖区内地形复杂、落差大，天线的垂直波瓣宽度可选得大一些。

2.3.6　三阶互调

三阶互调是指当两个信号在一个线性系统中，由于非线性因素存在使一个信号的二次谐波与另一个信号的基波产生差拍（混频）后所产生的寄生信号。比如 F_1 的二次谐波是 $2F_1$，他与 F_2 产生了寄生信号 $2F_1\text{-}F_2$。由于一个信号是二次谐波（二阶信号），另一个信号是基波信号（一阶信号），他们俩合成为三阶信号，其中 $2F_1\text{-}F_2$ 被称为三阶互调信号，它是在调制过程中产生的。又因为是这两个信号的相互调制而产生差拍信号，所以这个新产生的信号称为三阶互调失真信号。产生这个信号的过程称为三阶互调失真。由于 F_2、F_1 信号比较接近，也造成 $2F_1\text{-}F_2$、$2F_2\text{-}F_1$ 会干扰到原来的基带信号 F_1、F_2。这就是三阶互调干扰。既然会出现三阶，当然也有更高阶的互调，这些信号不也干扰原来的基带信号吗？其实因为产生的互调阶数越高信号强度就越弱，所以三阶互调是主要的干扰，考虑的比较多。

不管是有源还是无源器件，如放大器、混频器和滤波器等都会产生三次互调产物。这些互调产物会降低许多通信系统的性能。

【知识总结】

天线作为无线电磁波的发射和接收设备，是影响信号强度和质量的重要设备，其在移动通信领域的重要性非常关键。通过对天线选型、天线安装、天线调整从而保障基站覆盖区域的信号强度与质量，对天线指标的掌握程度是从事 5G 基站建设与维护的通信工程师的技能基本要求之一。

2.4　本　章　小　结

本章介绍了无线接入网的重要器件——天线，天线也是基站的重要组成部分。天线的原理和天线的电气性能指标是通信工程师重点掌握的基础知识，它是进行网络信号强度及信号质量问题排查的基础之一。尤其是对于一个射频分析工程师来说更重要，因为大部分的信号强度与质量问题都与天线的电气性能与安装有关，所以对其掌握的熟练程度直接影响分析问题的效率。另外，射频分析工程师必须能够配合使用测试工具来完成天线方面的性能测试与故障排查。

2.5　思　考　与　练　习

A　选择题

（1）驻波比为 1.4 时，回波损耗为（　　　）。

A. 14dB　　　　　　　　B. 15.6dB　　　　　　　　C. 16.6dB　　　　　　　　D. 17.6dB

（2）驻波比是（　　　）

A. 衡量负载匹配程度的一个指标

B. 衡量输出功率大小的一个指标

C. 驻波越大越好，直放站驻波大则输出功率就大

D. 与回波损耗没有关系

（3）天线增益是如何获得的？（　　　）

A. 在天线系统中使用功率放大器

B. 使天线的辐射变得更集中

C. 使用高效率的天馈线

D. 使用低驻波比的设备

（4）无线基站发射信号和接收由移动台发射的信号都是通过（　　　）来完成的。

A. 天线　　　　　B. 天线系统　　　　　C. 天馈线系统　　　　　D. 基站

（5）当发射天馈线发生故障时，发射信号将会产生损耗，从而影响基站的（　　　）。

A. 运行　　　　　B. 覆盖范围　　　　　C. 工作　　　　　D. 故障

（6）在测试天馈线驻波比和回损及馈线长度时，都要正确输入馈线的（　　　）参数，否则测得的值会有误差。

A. 系统　　　　　B. 天线　　　　　C. 天馈线　　　　　D. 电缆

（7）天线的增益大小可以说明（　　　）

A. 天线对高频电信号的放大能力

B. 天线在某个方向上对电磁波的收集或发射能力强弱

C. 对电磁波的放大能力

D. 天线在所有方向上对电磁波的收集或发射能力强弱

（8）天线选择时主要考虑的指标有（　　　）

A. 天线增益、半功率角、极化方式

B. 天线增益、垂直波束宽度、水平波束宽度

C. 输入阻抗、垂直波束宽度、极化方式

D. 输入阻抗、驻波比、极化方式

B　判断题

（1）天线是将带有各种信息的电信号以无线电波的形式沿制定方向发射到天空，收集某个方向的无线电波并产生一个电信号。　　　　　（　　　）

（2）天线越长，天线增益越大。　　　　　（　　　）

（3）天线的增益是指在输入功率相等的条件下，实际天线与理想天线的辐射单元在空间同一点处所产生的场强的平方之比及功率比。　　　　　（　　　）

（4）对天馈线进行测试主要是通过测量其驻波比或回损的值和高度来判断天馈线的安装质量和运行情况的好坏。　　　　　（　　　）

（5）无论是发射天线还是接收天线，它们总是在一定的频率范围内工作的。　（　　　）

（6）对于天线的选择，应根据移动网的信号覆盖范围、话务量、干扰和网络服务质量等实际情况，选择适合本地区移动网络需要的移动天线。　　　　　（　　　）

（7）在现实基站天线的使用中只有全向天线。　　　　　（　　　）

（8）定向天线的前后比是指主瓣的最大辐射方向（规定为 0°）的功率通量密度与相反方向附近（规定为 180°±20°范围内）的最大功率通量密度之比值。它表明了天线对后瓣抑制的好坏。前后比越大，天线的后向辐射（或接收）越大。 （　）

C　简答题

（1）简述天线的作用？

（2）电磁波频率的特点有哪些？

（3）请计算 30GHz 频率的电磁波对应半波阵子的尺寸。

（4）天线的通用指标有哪些？

3　5G 网络架构

【背景引入】

　　5G 网络架构和前几代网络类似，尤其是继续沿用了 4G 网络扁平化的思想。可用"接二连三"来简单概括 5G 网络：两个接口连接三个子网系统。其中"接二"表示接口有两个：空中的无线接口和承载网的有线接口；"连三"表示连三个子网系统：用户设备 UE、无线基站 gNodeB 和核心网 5GC。图 3-1 是 5G 组网示意图。

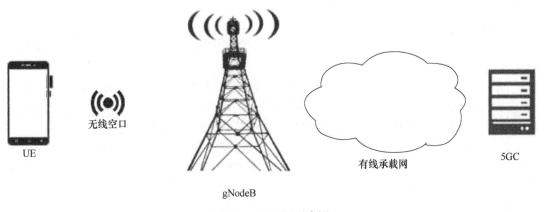

图 3-1　5G 组网示意图

　　本章 5G 网络架构的内容结构如图 3-2 所示。

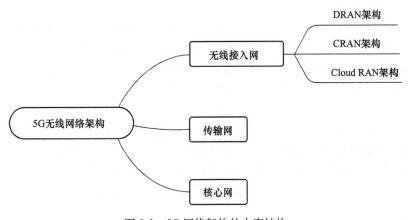

图 3-2　5G 网络架构的内容结构

3.1　无线接入网

【提出问题】

无线通信技术最吸引人的地方是"无线"，即 UE 与 RAN 之间的空口。但是空口与有线传输相比，存在很多弊端，如何改进空口一直是无线通信技术的研究热点。作为当前最新的通信技术，5G 是怎么处理如何部署 RAN 的呢？

【知识解答】

无线接入网（RAN）自蜂窝技术诞生以来就一直在使用，并在几代移动通信（1G 到 5G）中得到了发展。无线接入网是移动通信的关键部分，往往是移动通信系统的性能瓶颈，其架构由宏基站演进成为分布式基站，到了 5G 时代接入网又发生了很大的变化。在介绍无线接入网之前，先介绍几个概念。

A　模块的概念

（1）射频收发模块：一般称为 RF 单元，5G 系统的 AAU 是射频收发模块和天线的合设单元。

（2）基带处理模块：一般称为 BBU 单元，在 5G 系统中重构为两部分，即 CU、DU。

1）CU 是集中单元，包括非实时的无线高层协议栈的 L3 层功能，同时也支持部分核心网功能下沉和边缘应用业务的部署，对时延要求不是很高的业务处理模块。

2）DU 是分布单元，处理物理层功能和实时性需求的 L2 层功能。考虑节省 RRU 与 DU 之间的传输资源，部分物理层功能也可上移至 RRU 实现，用于实时处理的模块，处理编解码、调度等对时延要求较高的业务。

B　传输中的概念

（1）前传：AAU 与 DU 之间的网络。

（2）中传：CU 和 DU 之间的网络。

（3）回传：CU 到核心网之间的网络。

C　网络部署的概念

集中式无线接入网（CRAN）、分布式无线接入网（DRAN）、云化无线接入网（Cloud RAN）架构等概念就是对 AAU、CU 和 DU 在物理上如何布局的描述。

（1）DRAN 架构：CU 和 DU 集中在 BBU 盒子里。在 3G、4G 时代，最熟悉的基站形态是 RRU+BBU，强调基带和射频的分布式部署。其中，CU 和 DU 是部署在 BBU 中的。

（2）CRAN 架构：CU 和 DU 集中在 BBU 盒子里。为了节省空间、机房设施，BBU 被集中对方在距离站点几千米至十几千米的机房中。这种方式强调 BBU 集中部署，还可以让集中的 BBU 资源共享，相互协同。

（3）Cloud RAN 架构：DU 在 BBU 盒子中，强调 CU 云化，通过虚拟化 NFV 技术实现。DU 仍然在 BBU 盒子中，可以用 DRAN 方式部署在站点位置上，也可以用 CRAN 的方式集中放置。

根据场景和需求，可以将 CU、DU 合一部署，也可以分开部署，图 3-3 是 5G 网络 CU/DU 的多种部署方式。

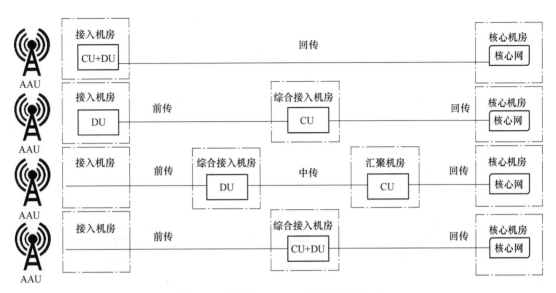

图 3-3 5G 网络 CU/DU 的多种部署方式

3.1.1 DRAN 架构

扫一扫查看
DRAN 架构介绍

（1）DRAN 组网架构。

分布式基站较多采用 DRAN 架构，尤其是在 4G 网络中使用比较多。5G 的网络部署也是以 DRAN 架构为主。DRAN 架构采用 CU 和 DU 合设为 BBU 部署，并将 BBU 和 AAU 都独立部署在站点机房；同时每个站点机房单独部署配套的电源及其他外设设备。图 3-4 是 DRAN 示意图。

（2）使用场景分析。

DRAN 部署大大缩短了 AAU 与 BBU 之间线路的长度，可以减少信号损耗，也可以降低馈线的成本。由于 AAU 和 BBU 共站部署，所以网络规划非常灵活。但是给建网成本造成了一定的压力。在 DRAN 的架构下，运营商仍然要承担非常巨大的成本。因为为了摆放 BBU 和相关的配套设备（电源、空调等），运营商还需要租赁和建设很多的室内机房或方舱。

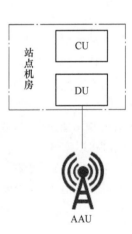

图 3-4 DRAN 示意图

3.1.2 CRAN 架构

扫一扫查看
CRAN 架构介绍

（1）CRAN 组网架构。

集中式无线接入网（CRAN）是将 CU 和 DU 分开部署之后形成的部署方案。部署 CU 的目的是将 BBU 高层功能集中起来管理，有点类似于重新采用了 2G 和 3G 时代的基站控制器的组网思想。而这个 CU 既可以放在远端中心机房，也可以放在近端中心机房。BBU 的低层功能集中在 DU 中。图 3-5 是 CRAN 的部署示意图。

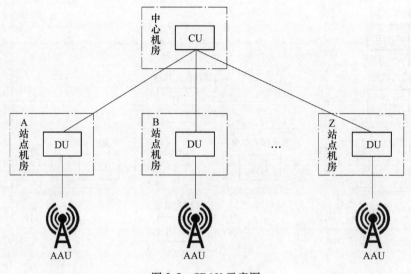

图 3-5　CRAN 示意图

（2）使用场景分析。

把 BBU 集中起来，BBU 变成 BBU 基带池。分散的 BBU 变成 BBU 基带池之后更强大了，可以统一管理和调度，资源调配更加灵活。

通过集中化的方式，可以极大减少基站机房数量，减少配套设备（特别是空调）的能耗。另外，拉远之后的 RRU 搭配天线，可以安装在离用户更近距离的位置。距离近了，发射功率就低了。低的发射功率意味着用户终端电池寿命的延长和无线接入网络功耗的降低。C-RAN 下，基站实际上是"不见了"，所有的实体基站变成了虚拟基站。所有的虚拟基站在 BBU 基带池中共享用户的数据收发、信道质量等信息。强化的协作关系，使得联合调度得以实现。小区之间的干扰，就变成了小区之间的协作（CoMP），大幅提高频谱使用效率，也提升了用户感知。多点协作传输（Coordinated Multiple Points Transmission/Reception，CoMP）是指地理位置上分离的多个传输点，协同参与为一个终端的数据（PDSCH）传输或者联合接收一个终端发送的数据（PUSCH）。

3.1.3　Cloud RAN 架构

扫一扫查看
Cloud RAN 架构

（1）Cloud RAN 组网架构。

Cloud RAN：云化 RAN，又分为 CU 云化 &DU 分布式部署和 CU 云化 &DU 集中式部署，如图 3-6 所示。

1）CU 云化 &DU 分布式：CU 集中部署，DU 类似传统 4G 分布式部署。

2）CU 云化 &DU 集中式：CU 和 DU 各自采用集中式部署。

可以看出，分布式部署需要更多机房资源，但每个单元的传输带宽需求小，更加灵活；集中式部署节省机房资源，但需要更大的传输带宽。未来可根据不同场景需要，灵活组网。

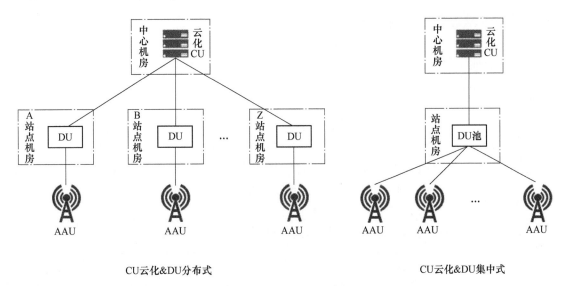

图 3-6　Cloud RAN 示意图

（2）使用场景分析。

Cloud RAN 的组网架构是未来的主流。主要使用场景有：

基于 Cloud RAN 的组网架构，将不同的技术制式、不同位置的站点，甚至不同的站点形态间协作更有效的支撑起来，这将为用户带来更丰富更优质的用户体验保障方案。这时用户终端可以工作在多连接的模式，即跨制式的多流协作将成为主流常态。

未来 Cloud RAN 架构可以应对更丰富的面向垂直行业的业务类型。比如人与人、人与物及物与物的网络，需要强大网络支撑能力。

【知识总结】

5G 的 RAN 继续沿用了 4G 通信技术的主要特点，基站仍然采用扁平化结构。但是也做过相应的改进，比如将基站拆分成 CU 和 DU，将天线和射频单元合设为 AAU，将 RAN 的网络架构设计得更加灵活。

3.2　5G NR 传输网

【提出问题】

5G 网络的研究热点主要是接入网的新空口以及云化的核心网，在传输层面还可以沿用大量的 4G 传输网络，这样可以节省投资成本。但是随着 5G 网络的大量部署，需要研究新的传输技术满足 5G 网络的以下三个特点。

（1）1Gbit/s 的用户体验速率：eMBB。

（2）毫秒级的延迟：uRLLC。

（3）百万级/km^2 的终端接入：mMTC。

接下来将从三个方面简单介绍传输网络的知识。

（1）5G 基站部分的传输网有什么特点？

（2）前传、中传和回传的传输部分如何连接？

（3）前传、中传和回传的传输网有什么特点？

【知识解答】

扫一扫查看
5G NR 传输网

承载网是基础资源，必须先于无线网部署到位。为了满足 5G 网络特点，目前运营商 5G 建站主要以 CRAN 部署为主，因此需对传输网进行升级改造。从传输的角度，将形成三种环路：前传、中传与回传。

A　对于前传来说有三种连接方式

（1）第一种：光纤直连方式。

每个 AAU 与 DU 全部采用光纤点到点直连组网，如图 3-7 所示。

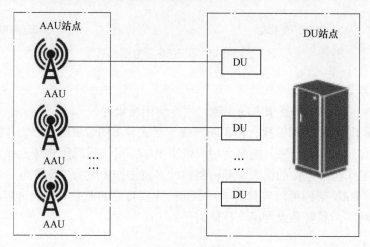

图 3-7　光纤直连方式

这就属于典型的"土豪"方式了，实现起来很简单，但最大的问题是光纤资源占用很多。随着 5G 基站、载频数量的急剧增加，对光纤的使用量也是激增。

所以，光纤资源比较丰富的区域，可以采用此方案。

（2）第二种：无源 WDM 方式。

将采光模块安装到 AAU 和 DU 上，通过无源设备完成 WDM 功能，利用一对或者一根光纤提供多个 AAU 到 DU 的连接，如图 3-8 所示。

光复用传输链路中的光电转换器，也称为 WDM 波分光模块。不同中心波长的光信号在同一根光纤中传输是不会互相干扰的，所以采光模块实现将不同波长的光信号合成一路传输，大大减少了链路成本。

采用无源 WDM 方式，虽然节约了光纤资源，但是也存在着运维困难，不易管理，故障定位较难等问题。

（3）第三种：有源 WDM-OTN 方式。

在 AAU 站点和 DU 机房中配置相应的 WDM/OTN 设备，多个前传信号通过 WDM 技术共享光纤资源，如图 3-9 所示。

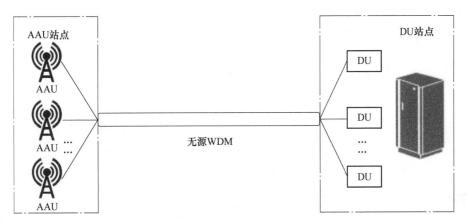

图 3-8 无源 WDM 方式

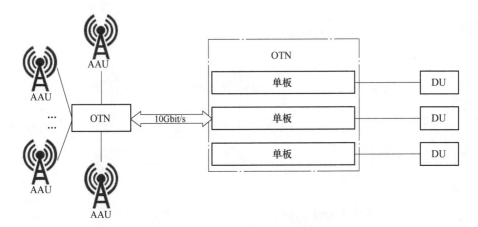

图 3-9 有源 WDM-OTN 方式

这种方案相比无源 WDM 方案，组网更加灵活（支持点对点和组环网），同时光纤资源消耗并没有增加。

B 回传和中传，一般采用统一的传输方案，主要有两种

（1）分组增强型 OTN+IPRAN。

利用分组增强型 OTN 设备组建中传网络，回传部分继续使用现有 IPRAN 架构，如图 3-10 所示。

（2）端到端分组增强型 OTN。

即全部使用分组增强型 OTN 设备进行组网，如图 3-11 所示。

为 5G 传输网做一下总结。

1）架构：核心层采用 Mesh 组网，L3 逐步下沉到接入层，实现前传、回传统一。

2）分片：支持网络 FlexE 分片。

3）SDN：支持整网的 SDN 部署，提供整网的智能动态管控。

4）带宽：接入环达到 50GE 以上，汇聚环达到 200GE 以上，核心层达到 400GE。

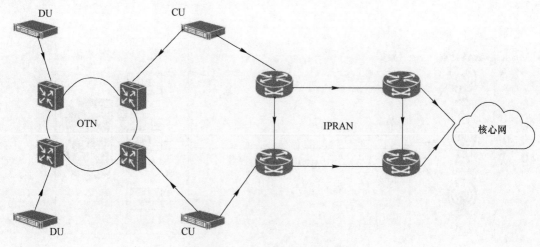

图 3-10　分组增强型 OTN+IPRAN

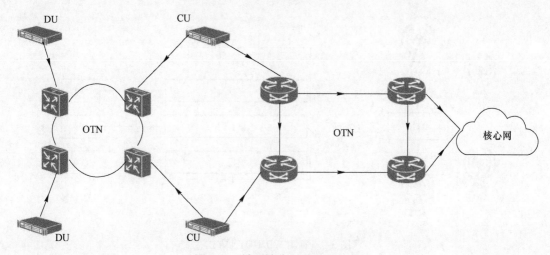

图 3-11　端到端分组增强型 OTN

【知识总结】

5G 基站的传输网包括前传、中传与回传，每个传输网部分需要根据具体业务特点及使用场景进行设计。5G 传输网还需要一个全新的技术体制，这需要在芯片、仪表及整个产业链的支撑，一起为 5G 部署做好准备。

3.3　5G NR 核心网

【提出问题】

核心网是通信网络系统的"大脑"，也是最难学习的部分。核心网在 4G 制式以前，都是采用实体网元的模式设计，比如 4G 网络中的网元 MME、SGW、PGW 和 HSS，都有对应的实体设备；而 5G 核心网看起来就是一台服务器或者刀片框，那 5G 核心网的演进是通过什么技术推动的？

【知识解答】

扫一扫查看
5G NR 核心网

A 服务化构架 SBA

（1）硬件方面：具备强大处理能力的硬件平台。

将网络功能（NF）拆分，所有的 NF 通过接口接入到系统。与之前的无线网络相比，5G 的核心网的变化非常大，采用网元功能虚拟化 NFV，即网元功能软件与硬件实体资源分离。硬件上，直接采用 HP、IBM 等 IT 厂家的 x86 平台通用服务器（目前以刀片服务器为主，节约空间，也够用）。

（2）软件方面：依托开放性的 open stack 平台。

设备商基于 open stack 这样的开源平台，开发自己的虚拟化平台，把以前的核心网网元"种植"在这个平台之上，其逻辑结构采用服务化构架 SBA，把原来具有多个功能的整体，分拆为多个具有独自功能的个体。每个个体，实现自己的微服务。如图 3-12 所示，点划线内为 5G 核心网。

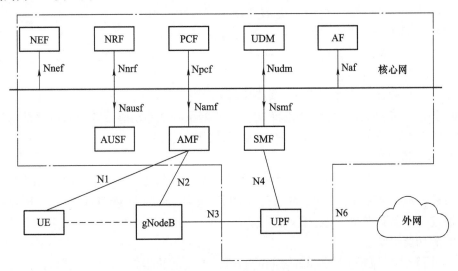

图 3-12 5G 基于服务的网络架构

服务化 SBA 的优点如下所述。

1）负荷分担：相同功能的 NF 可多个接入网络，提供 NFS（网络功能服务）。

2）容灾：当某个 NF 存在故障，退网，由其他 NF 承担业务。

3）扩容、升级简单：独立 NF 的功能快速扩容，并且对单独的 NF 升级。

4）实现网络开放功能：NF 实现了标准的接口，则多个设备厂家的不通过 NF 可用来构建某个 NFS。

SBA 设计的目标是以软件服务重构核心网，实现核心网软件化、灵活化、开放化和智慧化。

B 核心网网元功能

（1）接入和移动性管理 AMF 功能。

AMF：负责控制面的移动性和接入管理，4G 的 MME 包含接入、移动性管理、会话管理、安全性管理等功能，5G 中将接入、移动性管理、安全性管理归属到 AMF 中，将会话管理归属到 SMF 中，5G RAN 通过 N2 接口和 AMF 连接，UE 则通过虚拟端口 N1 和 AMF 连接，多个 AMF 之间通过 N14 端口连接。

AMF 的单个实例中可以支持部分或全部 AMF 功能，无论网络功能的数量如何，UE 和 CN 之间的每个接入网络只有一个 NAS 接口实例，实现 NAS 安全性和移动性管理的网络功能之一，即只有一个 AMF 为 UE 提供安全和移动性管理服务。

AMF 的 3GPP 服务功能如下所述。

1）为 RAN 网络提供 CP 接口（N2 接口）即控制面接入。

2）为 UE 提供 N1 接口实现加密和完整性保护。

3）为 UE 提供接入身份验证、接入授权、注册管理、连接管理、可达性管理、移动性管理。

4）定位服务管理和移动事件通知。

5）用于与 EPS 互通的 EPS 承载 ID 分配。

6）为 UE 和 SMF 之间的 SM 消息提供透明代理和传输。

7）为 UE 和 SMSF 之间提供 SMS 消息的传输。

8）为 UE 和 LMF 之间以及 RAN 和 LMF 之间的位置服务消息提供传输。

9）SEAF 的安全锚功能。

10）合法拦截（AMF 事件和 L1 系统接口）。

AMF 还支持安全策略的相关功能和非 3GPP 网络的某些功能，并非所有功能都需要在网络切片的实例中使用，支持使用部分或全部功能灵活部署。

（2）会话管理功能 SMF。

SMF：负责会话管理，在 4G 中 MME 负责 ESM 会话管理，在 5G 中 SMF 独立处理，专门负责会话管理。5G 的用户平面的功能是 UPF，SMF 通过 N4 接口和 UPF 连接控制会话管理，通过 N11 接口和 AMF 连接交互信息。

SMF 的功能说明：

1）会话管理，维护 UE 和 AN 之间的通道，如会话的建立、修改、释放。

2）UE 的 IP V4 和 V6 地址分配（DPCH V4 和 V6 功能）。

3）响应 IP V4 ARP（Address Resolution Protocol：地址解析协议）和 IP V6 的 NDP（Neighbor Discovery Protocol：邻居发现协议）的请求和流量转发。

4）配置 UPF 的流量控制，将流量路由导到正确的目的地。

5）提供到策略控制功能的路径。

6）收费数据采集和计费接口提供。

7）SM 消息的 SM 部分处理。

8）下行数据通知。

9）AN 特定 SM 信息的发起者，通过 AMF 通过 N2 发送到 AN。

10）确定会话的 SSC 模式。

11）合法拦截（SM 事件和 L1 系统接口）。

SMF 的单个实例中可以支持部分或全部 SMF 功能，并非所有功能都需要在网络切片的实例中得到支持。

SMF 还可以包括与安全策略相关的功能和漫游功能。

（3）用户平面功能 UPF。

UPF：用户平面功能，在 4G 中用户面由 S-GW 和 P-GW 构成，在 5G 中 UPF 负责用户面的功能。UPF 通过 N3 口和 RAN 连接，通过 N4 口和 SMF 连接，通过 N6 口和 DN 连接，UPF 之间通过 N9 口连接。

5G 会话是基于 PDU（Packet Data Unit：数据包单元）交互，PDU 连接业务即 UE 和 DN（Data Network），类似于 4G 的 PDN 的概念，但是 DN 更侧重万物互联的概念，即以前 PDN 网络已经扩展到了每个终端均已通过 IP V6 地址接入网络，即每个终端都是外网的终端，则 PDN 网络扩展为 DN 网络。4G 中 APN 的概念在 5G 中叫 DNN 之间交换 PDU 数据包的业务；PDU 连接业务通过 UE 发起 PDU 会话的建立来实现。一个 PDU 会话建立即建立了一条 UE 和 DN 的数据传输通道。UE 可以建立多条通过不同的 UPF 连接到同一个 DN 的 PDU 会话连接，每条 PDU 会话对应的 SMF 也可以不同。每条 PDU 会话的服务 SMF 信息会登记在 UDM 中。

UPF 的功能说明：

1）用于 RAT（Radio Access Type）内和 RAT 间的移动性锚定点。

2）外部 PDU 和 DN 之间的会话点。

3）分组路由和转发。

4）数据包检查和合法拦截（UP 面）。

5）UP 面策略规则实施和 Qos 处理。

6）流量使用报告和上行链路流量验证。

7）上行链路和下行链路中的传输级分组标记。

8）下行数据包缓冲和下行数据通知触发。

UPF 的单个实例中可以支持部分或全部 UPF 功能，并非所有 UPF 功能都需要在网络切片的用户平面功能的实例中得到支持。一个会话中存在多个 UPF 时，则 UPF 和 UPF 之间通过 N9 口连接，中间的 UPF 充当中继 UPF。

（4）策略控制功能 PCF。

PCF：策略控制功能，类似 4G 的 PCRF。PCF 是 5G 的策略整体框架。

1）AM 策略：AMF 在 PCF 中创建和管理与接入和移动性管理策略关联，其他 NF 通过该关联获取 UE 的接入和移动性管理相关的策略。

2）Authorization 策略：鉴权 AF（Application Funtion）请求，并且为已鉴权的 AF 绑定 PDU 会话创建策略。

3）SM 策略：SMF 在 PCF 中创建和管理会话策略关联，其他 NF 通过该关联获取 PDU 会话的策略信息。

4）BDT 策略：来自开放网络的 AF 获取后台传输策略并且根据 AF 的选择更新后台传输。

5）UE 策略：NF 在 PCF 中创建和管理 UE 的策略关联，其他 NF 通过该关联获取 UE 策略触发信息，PCF 可以将该信息通过 NAS 信令发送给 UE。

6）EveryExposure 策略：该策略使其他 NF 可以订阅和获取 PCF 事件。

PCF 策略控制管理不仅管理 UE 的策略，也管理其他 NF 之间的访问策略，它是 5G 的一个整体策略框架。

（5）网络开放功能 NEF。

NEF（Network Exposure Function，网络开放功能），5G 网络基于服务化构架 SBA，每个功能均是一个 NF，当某个 NF 需要处理某些信息则需要调用其他 NF 的服务，NEF 充当了重要的角色，它完成了 NF 的能力公开和事件公开，同时 NEF 也是和其他外部网络交互的重要枢纽。

NEF 的功能说明：

1）NF 的能力和事件公开。

2）外部网络到 3GPP 的信息交互和安全信息控制。

（6）网络存储库功能 NRF。

NRF：（NF Repository Function，网络存储库功能），5G 网络中 NEF 是完成了 NF 的能力和事件公开，但是 NF 实例的具体信息是通过 NRF 获取。

NRF 的功能：

1）从 NF 实例接收 NF 发现请求，并将发现的 NF 实例（被发现）的信息提供给 NF 实例。

2）维护可用 NF 实例及其支持服务的 NF 配置文件。

（7）UDM：统一数据管理，生成 3GPP AKA 身份验证和用户识别。

（8）AUSF：身份验证服务器，支持 3GPP 和非 3GPP 的接入认证。

（9）AF：应用服务，即将某些应用如腾讯 QQ 等应用直接归属到 5G 核心网中，当然也可以是其他服务，比如网络信号的 MR 分析等服务。

【知识总结】

强大处理能力的硬件平台给 5G 核心网的演进提供了基础，依托开源的虚拟化平台技术，将核心网的网元功能虚拟化，将平台硬件资源的利用率最大化。

3.4　本 章 小 结

5G 继续沿用了以往的网络架构，同时为了满足 5G 的性能及应用场景，也做了很多改进。在无线接入网中，将基站重新进行了拆分及合设，满足不同场景下的基站部署；除基站到核心网之间的远距离传输部分外，在基站建设组网部分，传输网方面也做了很大调整，包括前传、中传和回传的连接方式；在核心网部分，改动非常大，直接将所有的网元设备虚拟化，有利于提高硬件资源的利用率，同时大大减轻了网络及设备的维护工作量。

3.5　思考与练习

A　选择题

（1）以下可用于 5G 无线接入网部署的组网方式为（　　）。

A. DRAN　　　　　　B. CRAN　　　　　　C. Cloud RAN　　　　　　D. 以上都可以

（2）以下不属于 DRAN 架构优势的是（　　）。

A. 可根据站点机房实际条件灵活部署回传方式

B. BBU 和射频单元共站部署，前传消耗的光纤资源少

C. 可通过跨站点组基带池，实现站间基带资源共享，使资源利用更加合理

D. 单站出现供电、传输方面的问题，不会对其他站点造成影响

（3）以下不属于 CRAN 架构缺点的是（   ）。

A. 前传接口光纤消耗大

B. 站点间资源独立，不利于资源共享

C. BBU 集中在单个机房中，安全风险高

D. 要求集中机房具备足够的设备安装空间

（4）5G 基站的 DU 模块不包含（   ）。

A. PDCP 层   B. RLC 层   C. MAC 层   D. 物理层

（5）Cloud RAN 架构的移动云引擎中至少包含（   ）网元功能。

A. CU   B. DU   C. UPF   D. MEC

（6）Cloud RAN 架构中，以下哪个网元功能可以实现云化部署？（   ）

A. BBU   B. DU   C. CU   D. AAU

（7）以下关于 Cloud RAN 架构优点描述不正确的是？（   ）

A. 适配多样性业务   B. 设备资源池化

C. 站点间资源独立   D. 业务按需部署

（8）以下核心网功能中哪个不属于控制面功能？（   ）

A. UPF   B. SMF   C. UDM   D. PCF

（9）5G 核心网的特点不包括（   ）

A. 网络切片   B. CUPS   C. MEC   D. PCF

（10）NGC 中定义的网络功能 UPF 对应 4GEPC 网元是（   ）

A. PCRF   B. UGW   C. MME   D. HSS

B   判断题

（1）CU/DU 分离带来网络节点增多，故障定位难度加大。   （   ）

（2）CU 和 DU 之间的接口叫 F1，该接口为标准化接口，支持异厂家组网。 （   ）

（3）SRAN 和 Cloud RAN 功能相同，只是命名不同而已。   （   ）

（4）核心网 CUPS 即控制面用户面分离，用户面可以下沉到距离用户更近的位置来降低传输时延。   （   ）

（5）4G 网络实现全 IP 化网络架构，5G 网络要实现全云化网络架构。   （   ）

（6）通过网络切片技术，运营商可以开源节流，激活更多的服务商业场景。 （   ）

（7）4G 网络实现全 IP 化网络架构，5G 网络要实现全云化网络架构。   （   ）

（8）一个网络切片就是一张物理网络，服务于某一类特定需求的业务。   （   ）

（9）网络切片利用统一物理网络实现多种逻辑业务的独立运维运营。   （   ）

（10）5G 技术采用授权频段，移动运营商可以提供身份验证和核心网信令安全保障。
                                                                    （   ）

C   简答题

（1）请解释 5G 两种网络部署方式的差异化在什么地方？

（2）CU 的主要功能是什么？

（3）简述 5G 网络架构有哪些组成，网元之间的接口名称是什么？

（4）若采用 CRAN 组网，且 BBU 之间互联，则该方案有何优缺点？

（5）若采用 CRAN 组网，且 BBU 堆叠，则该方案有何优缺点？

（6）传统无线接入网架构在 5G 时代面临着哪些挑战？

4 5G 关键技术

【背景引入】

相比于 LTE 及早期的无线网络而言，5G 网络提供了高速率、低时延、超大规模连接、高可靠性和高安全性的业务指标。要满足这些业务指标，主要依靠 5G 的关键技术。在一些通信教材或者资料里，对 5G 网络的关键技术有很多讲述，但是没有形成系统，需要将关键技术进行重新整理分析。这些关键技术是为了满足 5G 的什么指标而提出来的呢？为解答这个问题，需要对关键技术的进行分类，并掌握重要关键技术的作用和特点。本章先对关键技术进行分类整理，然后重点介绍 Massive MIMO 多天线技术、多址技术 NOMA、超密集组网技术、SDN/NFV 技术和双连接/多连接技术这几种关键技术的作用和特点。

本章 5G 关键技术的内容结构如图 4-1 所示。

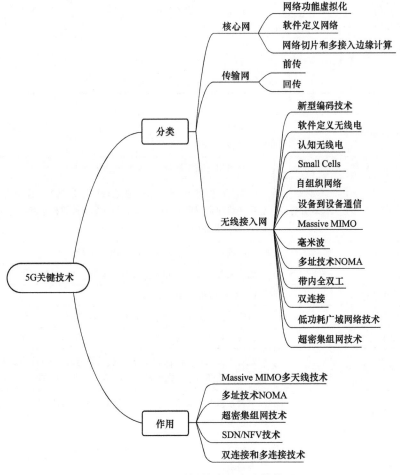

图 4-1 5G 关键技术的内容结构

4.1　关键技术的分类

【提出问题】

为什么需要 5G？不是因为通信专家或工程师们突然想改变世界炮制了一个 5G，是因为先有新的或者更加完美的通信业务需求，才有 5G。那有什么通信业务需求？未来的网络将会面对：1000 倍的数据容量增长，10~100 倍的无线设备连接，10~100 倍的用户速率需求，10 倍长的电池续航时间需求等。实际上 4G 网络的关键技术已经无法满足这些需求，需要提出新的关键技术或者在原来技术上进行改进，最终形成一个新的网络，也就是现在的 5G。可见，5G 通信性能的提升不是单靠一种技术，而是需要多种关键技术相互配合共同实现。那 5G 网络到底有哪些关键技术呢？

【知识解答】

扫一扫查看
关键技术的分类

A　纵向分类

5G 网络由核心网、传输网和无线接入网组成，那其关键技术肯定也是分布在这三个通信子网系统中。表 4-1 给出了 5G 关键技术的分类以及相应的定义。

表 4-1　5G 关键技术的分类

属性	名　称	定　义　方　式
核心网	网络功能虚拟化	将网络功能软件化，并运行于通用硬件设备之上，以替代传统专用网络硬件设备
	软件定义网络	一种将用户面与控制面分离的网络设计方案
	网络切片和多接入边缘计算	根据不同的应用场景，将一张物理网络分成多个虚拟网络与之对应，虚拟网络间是逻辑独立的；多接入边缘计算是位于网络边缘的、基于云的 IT 计算和存储环境
传输网	前传	无线前传技术，主要减少时延和前传容量
	回传	无线回传技术，即 IAB（5G NR 集成无线接入和回传）
无线接入网	新型编码技术	LDPC 编码和 polar 码，纠错性能高
	软件定义无线电	可实现部分或全部物理层功能在软件中定义
	认知无线电	通过了解无线内部和外部环境状态实时做出行为决策
	Small Cells	就是小基站（小小区），相较于传统宏基站，Small Cells 的发射功率更低，覆盖范围更小，通常覆盖 10m 到几百米的范围
	自组织网络	可自动协调相邻小区、自动配置和自优化的网络，以减少网络干扰，提升网络运行效率
	设备到设备通信	指数据传输不通过基站，而是允许一个移动终端设备与另一个移动终端设备直接通信

续表4-1

属性	名　　称	定　义　方　式
无线接入网	Massive MIMO	在基站和终端侧采用多个天线，MIMO 系统被描述为 M×N，其中 M 是发射天线的数量，N 是接收天线的数量
	毫米波	指 RF 频率在 30~300GHz 的无线电波，波长范围从 1~10mm
	多址技术 NOMA	是在发送端使用叠加编码，而在接收端使用 SIC，借此，在相同的时频资源块上，通过不同的功率级在功率域实现多址接入
	带内全双工	可以在相同的频段中实现同时发送和接收
	双连接	手机在连接态下可同时使用至少两个不同基站的无线资源
	低功耗广域网络技术	不同的应用场景权衡利弊，控制终端的发射功率
	超密集组网技术	通过更加密集化的无线网络基础设施部署，在局部热点区域实现百倍量级的系统容量提升；要点在于通过小基站加密部署提升空间复用方式

B　横向分类

如果按照 5G 应用场景，又可以分为 eMBB 类、uRLLC 类和 mMTC 类的关键技术。

（1）根据 eMBB 超宽带的指标要求，单基站的峰值速率要达到 10Gbit/s，频谱效率要达到 4G 的 3~5 倍。为达到 eMBB 的指标，采用的关键技术有：

1）LDPC/Polar 码等新的编码技术提升容量，使用毫米波拓展更多频谱，使用波束赋形带来空分多址增益。

2）使用 NOMA 技术实现 PDMA 功率域的增益。

3）使用 Massive MIMO 技术来获得更大的容量，毫米波让波长更短，天线更短，在手机上可以安置的天线数更多，基站侧可支持 64T64R 共 128 根的天线阵列。

（2）根据 uRLLC 的指标要求，时延达到 1ms。为达到 uRLLC 的指标，采用的关键技术有：

1）新的空口标准 5G NR 中定义了更灵活的帧结构，更灵活的子载波间隔配置，最大的子载波间隔 240kHz 对应时隙长 0.0625ms，这样超低时延应用成为可能。

2）通过新的多载波技术解决目前 CP-OFDM 中存在的保护间隔等资源浪费，降低时延增大利用率。

3）网络切片技术让网络变得更加弹性，可以更好地支持超低时延的应用，建立一条端到端的高速功率，网络切片技术主要是核心网的 SDN 和 NFV 的应用。

（3）根据 mMTC 的指标要求，连接密度每平方公里达到 100 万个。为达到 mMTC 的指标，采用的关键技术是基于 eMTC 和 NB-IoT 进行演进。eMTC 适合对数据量、移动性、时延有一定的要求的场景 eMTC，具有静止、数据量很小、时延要求不高等特点。对工作时长、设备成本、网络覆盖等有较严格要求的场景 NB-IoT 更合适。

【知识总结】

5G 关键技术的分类还有很多种方法，但是采用关键技术的目的是为了满足持续增长的社会通信业务需求。结合实际的应用场景、组网方案、成本等因素学习 5G 关键技术，建立"4G 改变生活，5G 改变社会"的认识，未来 5G 将渗透未来社会的各个领域，以用

户为中心构建全方位的信息生态系统，最终实现"信息随心至，万物触手及"的总体
愿景。

4.2　关键技术的作用

【提出问题】

提出 5G 关键技术的目的是满足 5G 的通信业务主要需求：提高传输数据速率、降低
传输时延和增加设备连接数，所以每一种关键技术的提出或者改进，都是直接或者间接朝
着这些方向靠拢的。在分析关键技术的作用时，一定要带着解决这些通信业务需求的目的
去分析，在满足这些需求的情况下，尽量采用最简单、最实用的关键技术。哪些 5G 关键
技术是当前最流行使用的呢？它们分别有什么作用？

【知识解答】

扫一扫查看
关键技术的作用

（1）Massive MIMO 技术。

Massive MIMO 是 5G 中提高系统容量和频谱利用率的关键技
术。MIMO 技术通过发送端和接收端都配备多根天线来提高通信系
统的容量、系统传输数据速率以及传输可靠性，而且当小区的基站
天线数目趋于无穷大时，加性高斯白噪声和瑞利衰落等负面影响全
都可以忽略不计，数据传输速率能得到极大提高。通过多用户空间独立性，在空间对不同
用户形成独立的窄波束覆盖，基于用户的空间隔离系统同时传输不同用户的数据，从而数
十倍地提升系统吞吐量，通常是一百根或者是几百根，较现有通信系统中天线数增加几个
数量级以上，在相同的时频资源上同时服务多个用户，5G 移动终端一般采用 4 天线接收
的通信方式，从而实现 4×4 MIMO，而 5G 基站的天线最多可以做成 128T128R。可以从以
下两个方面理解：

1）天线数。

传统的 TDD 网络的天线基本是 2 天线、4 天线或 8 天线，而 Massive MIMO 指的是通
道数达到 64/128/256 个。

2）信号覆盖的维度。

传统的 MIMO 我们称之为 2D-MIMO，以 8 天线为例，实际信号在做覆盖时，只能在水
平方向移动，垂直方向是不动的，信号类似一个平面发射出去，而 Massive MIMO，是信号
水平维度空间基础上引入垂直维度的空域进行利用，信号的辐射状是个电磁波束。所以
Massive MIMO 也称为 3D-MIMO。

目前 5G 所采用的两种频段（Sub 6G 和毫米波）中，massive MIMO 的使用方式和目的
都有所不同。在 Sub 6G 宏基站中，massive MIMO 主要目的是尽量提供更多的复用增益，
也就是尽量提供更多的独立数据流给各个用户，我们通常称这种工作场景为多用户
MIMO（MU-MIMO）；而毫米波基站中，massive MIMO 的主要目的是提高基站覆盖范围，
弥补路径损耗，提高单个用户的信噪比和空间增益，我们通常称这种工作场景为单用户
MIMO（SU-MIMO）。这两种目的决定了波束赋形和预编码的算法设计和硬件设计都略有

不同，图 4-2 是 Massive MIMO 的波束赋形场景。

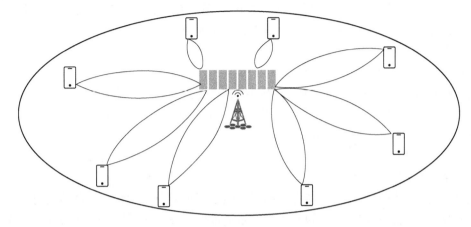

图 4-2　Massive MIMO 的波束赋形场景

（2）NOMA 多址技术。

相比于 LTE 的 OFDM 技术，5G 采用了 NOMA 多址关键技术。NOMA 主要是针对物联网（IoT/MTC）场景提出的，IoT 终端每次传输的数据量非常小，按照传统的 UL 资源请求、传输方式非常不划算，建立连接需要的控制信令数据量已经超过 payload，而且时延较大，更关键的是 IoT 重要指标之一是省电，NB-IoT 提出的指标是 5W/H 的电池用 10 年。传统的资源请求、传输的流程增加了耗电。很自然地提出一个问题：能不能减少两个步骤，变成直接竞争传输（Contention Based）——UE 不请求资源，直接在 UL 发送。这样碰撞的概率就会增加，需要设计一种方法，在碰撞的情况下也能正确解出信号，这就需要 NOMA 技术。因为 NOMA 可以提供非常大（比正交多址大很多）的地址空间，这样随机选择地址并碰撞的概率就大大降低了。

NOMA 的核心理念是在发送端使用叠加编码（Superposition Coding），构造一个非正交向量空间，供 UE 选择并传输。而在接收端使用 SIC（串行干扰消除），因此在相同的时频资源块上，通过不同的功率级在功率域实现多址接入。

SIC（Successive Interference Cancellation，串行干扰消除），在发送端类似于 CDMA 系统引入干扰信息可以获得更高的频谱效率，但是同样也会遇到多址干扰（MAI）的问题。NOMA 在接收端采用 SIC 接收机来实现多用户检测。串行干扰消除技术的基本思想是采用逐级消除干扰策略，在接收信号中对用户逐个进行判决，进行幅度恢复后，将该用户信号产生的多址干扰从接收信号中减去，并对剩下的用户再次进行判决，如此循环操作，直至消除所有的多址干扰。

功率复用：基站对不同的用户分配不同的上行发射功率，来获取系统最大的性能增益，同时达到区分用户的目的。SIC 在接收端消除多址干扰，需要在接收信号中对用户进行判决来排出消除干扰的用户的先后顺序，而判决的依据就是用户信号功率大小。功率复用技术在其他几种传统的多址方案没有被充分利用，其不同于简单的功率控制，而是由基站遵循相关的算法来进行功率分配。

NOMA 技术的实现依然面临一些难题。在传统通信中期望用户到达基站的信号是基本相同的，从而获得正交的效果。NOMA 不同用户到达基站的功率不相同，非正交传输的接收机相当复杂，要设计出符合要求的 SIC 接收机还有赖于信号处理芯片技术的提高；其次，功率复用技术还不是很成熟，仍然有大量的工作要做。

（3）超密集组网技术。

超密集组网即 UDN（Ultra Dense Deployment），是通过更加密集化的无线网络基础设施部署，在局部热点区域实现百倍量级的系统容量提升；要点在于通过小基站加密部署提升空间复用方式。目前，UDN 正成为解决未来 5G 网络数据流量 1000 倍以及用户体验速率 10~100 倍提升的有效解决方案。

UDN 采用虚拟层技术，即单层实体网络构建虚拟多层网络，单层实体微基站小区搭建两层网络（虚拟层和实体层），宏基站小区作为虚拟层，虚拟宏小区承载控制信令，负责移动性管理；实体微基站小区作为实体层，微小区承载数据传输。该技术可通过单或者多载波实现；单载波方案通过不同的信号或者信道构建虚拟多层网络；多载波方案通过不同的载波构建虚拟多层网络，将多个物理小区（或多个物理小区上的一部分资源）虚拟成一个逻辑小区。虚拟小区的资源构成和设置可以根据用户的移动、业务需求等动态配置和更改。虚拟层和以用户为中心的虚拟小区可以解决超密集组网中的移动性问题。图 4-3 为超密集网络部署结构图。

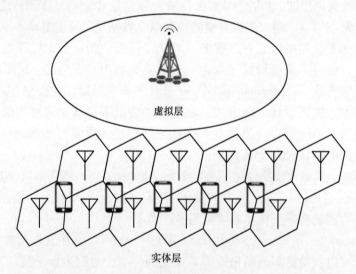

图 4-3　超密集网络部署

HetNet 技术：异构网络技术，多频段、多制式、多形态的多层网络，对于热点高业务容量区域，覆盖主要是采用高频段密集组网的微基站来完成，规划站点可直接根据高频段指标要求；根据传播损耗模型及参数值，对 28GHz 和 73GHz 两个频段进行了 LOS（视距传输）和 NLOS（非视距传输）仿真，从仿真的结果来看，高频段的损耗较大，NLOS 和 LOS 在距离较近时，损耗差距较小，随着覆盖距离的增大，损耗差距也越大；超密集组网站间距在 20~50m，这就需要部署至少 10 倍以上现网站点，站点数量增多、有线回传成本大幅提高，从网络建设和维护成本的角度考虑，不适宜为所有的 UDN 微基站铺设光纤来提供有线回传；同时即插即用的组网要求，使得有线回传不能覆盖所有 UDN 组网场景，利用和接入链路相同频谱的无线回传技术，由于高频段可以提供足够大的带宽做无线回传，优选高频段无线回传，且需采用点对点 LOS 回传。

超密集组网 UDN 由于宏微频段不同，覆盖的距离也不相同，为了保证用户感知度，必须要解决这个问题，引入了多连接技术；为了避免有线传输的高成本，引入了无线回传技术。

超密集组网关键技术如下所述。

1) 多连接技术：对于宏微异构组网，微基站大多在热点区域局部部署，微基站或微基站簇之间存在非连续覆盖的空洞。宏基站除了要实现信令基站的控制面功能，还要因实际需求提供微基站未部署区域的用户面数据承载。多连接技术的主要目的在于实现 UE（用户终端）与宏微多个无线网络节点的同时连接。不同的网络节点可以采用相同的无线接入技术，也可以采用不同的无线接入技术。因宏基站不负责微基站的用户面处理，因此不需要宏微小区之间实现严格同步，降低了对宏微小区之间回传链路性能的要求。在双连接模式下，宏基站作为双连接模式的主基站，提供集中统一的控制面；微基站作为双连接的辅基站，只提供用户面的数据承载。辅基站不提供与 UE 的控制面连接，仅在主基站中存在对应 UE 的 RRC（无线资源控制）实体。主基站和辅基站对 RRM（无线资源管理）功能进行协商后，辅基站会将一些配置信息通过 X2 接口传递给主基站，最终 RRC 消息只通过主基站发送给 UE。UE 的 RRC 实体只能看到从一个 RRU（射频单元）实体发送来的所有消息，并且 UE 只能响应这个 RRC 实体。用户面除了分布于微基站，还存在于宏基站。由于宏基站也提供了数据基站的功能，因此可以解决微基站非连续覆盖处的业务传输问题。

2) 无线回传技术：现有的无线回传技术主要是在 LOS 传播环境下工作，主要工作在微波频段和毫米波频段，传播速率可达 10Gbit/s。当前无线回传技术与现有的无线空口接入技术使用的技术方式和资源是不同的。在现有网络架构中，基站与基站之间很难做到快速、高效、低时延的横向通信。基站不能实现理想的即插即用，部署和维护成本高昂，其原因是受基站本身条件的限制，另外底层的回传网络也不支持这一功能。为了提高节点部署的灵活性，降低部署成本，利用与接入链路相同的频谱和技术进行无线回传传输能解决这一问题。在无线回传方式中，无线资源不仅为终端服务，还为节点提供中继服务。德国电信和爱立信合作首次在 1.5km 的 E 波段（70/80GHz）微波链路上实现 100Gbit/s 回传速率，这是当前商用微波回传速率的 10 倍，时延为 100ms。

3) D-MIMO 技术：在同频组网场景下，随着站点数量增加和站点密度增大，小区间重叠覆盖度增加，同频干扰的问题严重，一方面广播信道（包括控制信道和参考信号）干扰增大，导致用户接入受限；另一方面边缘区域增加导致边缘用户业务信道性能下降，从而导致站点增加可以带来的吞吐量提升非常有限，特别是小区边缘用户的感知很难保证。现有的干扰协调技术，比如 CA 和 CoMP 虽然可以一定程度减少干扰，但是在这种高密站点场景下也会带来一定的问题。CA 合并可以减少广播信道的干扰，但是合并后小区的整体吞吐会下降，合并的小区越多对性能的损失越明显。CoMP 技术虽然可以减小部分强干扰，但是可以协调的干扰小区数有限，对边缘用户性能和整网性能改善程度有限。D-MIMO（Distribute-MIMO）思想也是起源于 CoMP，CoMP 协调的多点发射/接收技术是指地理上分离的多个天线接入点。CoMP 技术的实质是在不同基站之间通过协同处理干扰或者避免干扰或者将干扰转化为有用信号，为用户提供更高速率，从而提高网络的利用率。本质上，CoMP 技术是 MIMO 技术在多小区下的应用，利用空间信道上的差异来进行信号传输。CoMP 技术引入的主要目的是提升网络性能特别是对于小区边缘用户的速率。D-MIMO 在 CoMP 的基础上增加了多用户的 SDMA，对一个终端联合发送的基站会组成一个 Group，D-MIMO 会促使同一个 Group 内不同用户之间进行 SDMA，通过空分配对的用户趋近于正交，也就是可以使用相同的时频资源，再通过干扰消除技术就可以比较完美的解决干扰问题。

4）Virtual Cell（虚拟小区技术）：随着小站部署越来越密集，小区边缘越来越多，当 UE 在密集小区间移动时，不同小区间因 PCI 不同导致 UE 小区间切换频繁。虚拟小区技术的核心思想是"以用户为中心"分配资源，达到"一致用户体验"的目的。虚拟小区技术为 UE 提供无边界的小区接入，随 UE 移动快速更新服务节点，使 UE 始终处于小区中心；此外，UE 在虚拟小区的不同小区簇间移动，不会发生小区切换/重选。

（4）SDN/NFV 技术。

SDN（Software Defined Network，软件定义网络），网络虚拟化的一种实现方式。其核心技术 OpenFlow（数据链路层协议）通过将网络设备的控制面与数据面分离，从而实现了网络流量的灵活控制，使网络作为管道变得更加智能，为核心网络及应用的创新提供了良好的平台。

NFV（Network Function Virtualization，网络功能虚拟化）。通过使用通用性硬件（通用服务器）以及虚拟化技术，来承载很多功能的软件处理。从而降低网络昂贵的设备成本。可以通过软硬件解耦及功能抽象，使网络设备功能不再依赖于专用硬件，资源可以充分灵活共享，实现新业务的快速开发和部署，并基于实际业务需求进行自动部署、弹性伸缩、故障隔离和自愈等。

基于 NFV 与 SDN 中的虚拟化技术，能够将原本网元设备中的一体化功能，逐渐分解成为多个不同的功能组件进行网元功能的重构，并且可以灵活地对这些组件进行优化与升级。其中 SDN 就可以完成程序上的控制工作，而 NFV 则结合当前硬件情况实现特定的网络功能，并且实现了网络功能的分离和应用层通信。NFV 涵盖了许多可以被虚拟化的硬件资源，如储存、网络资源、射频天线资源等，在虚拟化层能够将这些连接在一起，实现软件同底层硬件的有效衔接。

虚拟化构架如图 4-4 所示。

1）NFVI（NFV Infrastructure，NFV 基础设施）。NFVI 中包含多种可被虚拟化的硬件资源，如计算、存储、网络资源，此外还包含集中式接入网架构中特有的射频天线资源。虚拟化层完成硬件资源的抽象，支持计算、存储和网络连接功能的执行，从逻辑上将资源划分并提供给 VNF 使用，实现软件与底层的硬件解耦。

2）VNFs（Virtual Network Functions，虚拟网络功能）。VNFs 是运行在虚拟化资源上的软件，目的是为了实现网络功能。通过将网元功能从硬件剥离出来，通过软件化的方式对网元功能进行分解、重组，然后按照业务的实际需求对重组之后的网元功能进行连接。多个网元功能可组成一个网络服务，如接入网、控制功能、转发功能，部署在单个或多个虚拟设备上，特定情况下也可在物理服务器上运行。VNFs 一般由网元管理系统（Element Management System，EMS）管理，通过北向接口与 NFV 管理编排维护系统相连，通过南向

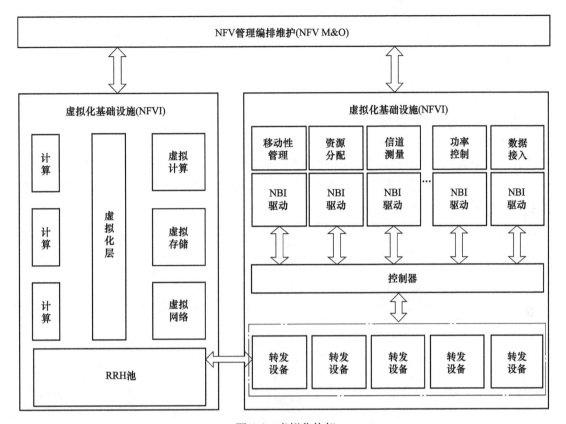

图 4-4　虚拟化构架

接口与 VNF 相连。

　　NFV 管理编排维护（NFV Management and Orchestration，NFV-MANO）。NFV-MANO 管理和调度硬件资源、虚拟资源层、虚拟化网元以及完整网络功能的编排和生命周期，达到高性能、高可靠、自动化的效果。虚拟化基础设施管理（Virtualized Infrastructure Managers，VIM）负责对物理硬件虚拟化资源进行统一的管理、监控等；网络功能虚拟化管理器（VNF Management，VNFM）负责 VNF 的生命周期管理及其资源使用情况的监控；网络功能虚拟化编排器（NFV Orchestration，NFVO）负责 NVFI 和 VNF 的管理和编排，进而实现完整的网络服务。

　　（5）双连接/多连接技术。

　　5G 网络由于频段较高、覆盖距离较短，而且国内目前计划的建设周期也较长，在 5G 建设前期覆盖很难做到连续覆盖，终端只是通过多类型网络变换的形式覆盖。在 3/4G 前期一般通过切换或者重选的方法实现多类型网络覆盖，CDM 通过双待的形式实现了多类型网络的覆盖。

　　NR 和 LTE 之间的互通不仅仅是实现两种技术之间的平滑切换，还允许其并行部署，NR 允许与 LTE 的双连接，这意味着设备可以同时连接到 LTE 和 NR。5G NR 的非独立组网（NSA）实际上依赖于这种双连接，LTE 提供控制平面，而 NR 仅提供额外的用户平面容量，NR 可以在与 LTE 相同的频谱中部署，以便可以在两者之间动态共享整体频谱容量。这种频谱共存允许在已经由 LTE 占用的频谱中更平滑地引入 NR。

LTE/NR 双连接的基本原理与 LTE 双连接相同，设备同时连接到无线接入网络内的多个节点：

1）有一个主节点（在一般情况下是 eNB 或 gNB）负责无线接入控制平面。信令无线承载终止于主节点，主节点还处理设备的所有基于 RRC 的配置；

2）有一个或多个辅助节点（eNB 或 gNB）为设备提供附加的用户面链路。

如图 4-5 所示，在 LTE 双连接的情况下，设备具有同时连接的多个节点通常在地理上是分开的。例如：UE 可以同时连接到微蜂窝层和覆盖的宏层。LTE/NR 双连接也可以使用该方式，UE 连接到 LTE 覆盖作为主节点，NR 覆盖作为辅节点。确保即使与高频 NR 的连接暂时中断，也能保持控制平面。

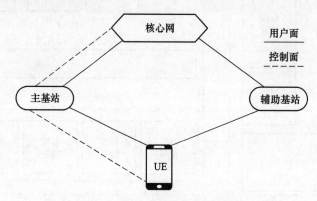

图 4-5　LTE/NR 双连接的基本原理

LTE 和 NR 双连接的互调自干扰：

在 LTE 和 NR 之间的双连接的情况下，从同一 UE 发送的多个上行链路载波（至少一个 LTE 上行链路载波和一个 NR 上行链路载波），由于射频电路中的非线性，两个载波上的同时传输将在发射机输出处产生互调产物。在这些发送信号中，这些互调产物中的一些可能最终在设备接收机频带内导致"自干扰"，也称为互调失真（IMD），IMD 将增加接收器噪声并导致接收器灵敏度降低。通过对元器件施加更严格的要求，可以减少 IMD 的影响。

为了在不对所有设备施加非常严格的射频要求的情况下降低 IMD 的影响，5G NR 允许单链双连接用于"困难的频带组合"。在此上下文中，困难的频带组合对应于 LTE 和 NR 频带的特定识别的组合，对于这些频带，同时发送的 LTE 和 NR 上行链路载波之间的低阶互调产物可落入相应的下行链路频带。单发操作意味着即使设备在 LTE /NR 双连接中运行，也不会在设备内的 LTE 和 NR 上行链路载波上同时传输。在单发操作的情况下，LTE 和 NR 调度器的任务是联合防止 LTE 和 NR 上行链路载波上的同时传输。这需要调度器之间的协调，即 eNB 和 gNB 之间的协调。3GPP 规范明确了支持标准化节点间消息的交换。单发操作固有地导致设备内的 LTE 和 NR 上行链路传输之间的时间复用，该方案对于 NR 而言，凭借其高度的调度和混合 ARQ 灵活性可以轻松实现，而不会对 NR 产生额外影响。LTE FDD 基于同步 HARQ 会导致潜在下行受限。

NR 独立组网双连接是为了解决高频部分（毫米波）覆盖方面的问题，通过多连接技

术，既能让用户使用高频的大带宽和高速率，又能通过 Sub 6G 频段解决覆盖的问题。5G
规范对这方面的支持更简单，手机的发射功率低于基站发射功率，覆盖瓶颈受限于上行，
工作于更低频段的 SUL（上行辅助频段）就可以通过双连接的方式与下行频段配和，从而
补偿上行覆盖不足的瓶颈。

【知识总结】

　　5G 关键技术有很多种，但是任何一种关键技术都是为了解决相应的通信需求而提出
来的。上述几种典型的关键技术都是有相应的背景需求，在实际应用场景中，需根据具体
需求及实施情况选择相应的关键技术。因此分析关键技术的作用非常有必要，有利于后续
的关键技术改进与实施。

4.3　本 章 小 结

　　移动通信已经成为人们生活中不可或缺的一部分。在我们的生活中，从扫码支付到共
享单车，从智能手机到 iPAD 等各种手持终端，依托移动通信网络，让丰富的应用软件使
得生活变得更加快捷高效。真正做到了任何人在任何时间都能与任何地方的任意一个人，
通过丰富多彩的网络世界相联进行通信，完成工作生活的各种事项。如果说互联网让这个
世界变成了地球村，那么移动通信则将互联网变得无处不在。而 5G 技术的到来，将会有
更多颠覆性的产品和应用落地，5G 将让人们的生活变得更精彩。但是这些都是依托关键
技术的使用，并经历从无到有、从慢到快、从功能单一到功能复杂，逐步演进提升的发展
历程。

4.4　思考与练习

A　选择题

（1）Massive MIMO 可以实现的增益不包括（　　）。

A. 提升小区容量　　　　　　　　B. 降低小区内的干扰

C. 增强小区覆盖　　　　　　　　D. 提升单用户峰值速率

（2）在端到端的业务时延中，通常（　　）是最大的。

A. 空中接口传输时延　　　　　　B. 承载设备处理时延

C. 地面接口传输时延　　　　　　D. 服务器处理时延

（3）相比于 LTE 的 8T8R 天线，Massive MIMO 下行最大可以提升（　　）倍小区
容量。

A. 2　　　　　　B. 4　　　　　　C. 8　　　　　　D. 16

（4）5G 网络中可以增强高空覆盖的关键技术是（　　）。

A. 256QAM　　　B. 上下行解耦　　C. F-OFDMA　　　D. Massive MIMO

（5）如下 5G 的关键技术中，（　　）不可以提升网络频谱效率。

A. Massive MIMO　　　　　　　　B. 新信道编码

C. 256QAM 高阶调整　　　　　　D. 灵活子载波带宽

（6）针对 Massive MIMO 技术描述正确的是（　　　）。

A. 波束分辨率变高，信道向量具有精细的方向性。

B. 强散射环境之下用户信道具有相关性

C. 视距环境之下用户信道空间自由度低

D. 阵列增益明显增加，干扰抑制能力减小

（7）5G 中 mMTC 应用场景的最大连接数能实现（　　　）。

A. 1 万连接每平方千米　　　　　B. 100 万连接每平方千米

C. 1000 万连接每平方千米　　　　D. 10 万连接每平方千米

（8）以下（　　　）关键技术用于提高数据传输的可靠性并降低数据传输错误导致的重传，从而间接提高传输效率。

A. 信道编码　　　　　　　　　　B. 高阶调制

C. Massive MIMO　　　　　　　　D. F-OFDMA

（9）Massive MIMO 较一般 MIMO 多了（　　　）。

A. 阵列增益　　　　　　　　　　B. 分集增益区域

C. 复用增益　　　　　　　　　　D. 3D 赋型增益

（10）关于 5G 商用趋势的描述，以下哪一项是不正确的？（　　　）

A. 因为物联网需求旺盛，所以 mMTC 将会早于 eMBB 商用

B. NB-IoT 刚开始商用，所以 mMTC 的商用会晚于 eMBB

C. uRLLC 商用会对网络架构改造提出较高要求

D. WTTx 和 eMBB 会优先商用

B　判断题

（1）越高阶的 QAM 调制，对信噪比的要求也越高，系统复杂度也越高，因此不能无限制的增加调制阶数。　　　　　　　　　　　　　　　　　　　　　　　　　（　　　）

（2）为增加 5G 数据无线传输的可靠性可以采用小带宽分配、信道编码、高阶调制、Massive MIMO 等技术。　　　　　　　　　　　　　　　　　　　　　　　　　（　　　）

（3）F-OFDMA 技术可以降低 5G 时延。　　　　　　　　　　　　　　　（　　　）

（4）5G 网络架构为应对业务的多样性而按业务需求灵活部署可以使用 VNF、NFV、SDN、IMS 等技术。　　　　　　　　　　　　　　　　　　　　　　　　　　（　　　）

（5）信道编码、MassiveMIM、增大带宽、双连接等技术方案可以提高 5G 速率。

　　　　　　　　　　　　　　　　　　　　　　　　　　　　　　　　（　　　）

（6）5G 系统只支持 TDD 的双工方式。　　　　　　　　　　　　　　　（　　　）

（7）5G 网络每平方千米终端连接数量是 4G 网络能力的 50 倍。　　　　（　　　）

C　简答题

（1）请介绍 Massive MIMO 关键技术的特点及作用。

（2）根据 5G 双连接技术，分析 NSA 和 SA 的可能使用场景有哪些？

（3）请查找相应的资料，分析其他 5G 关键技术的作用。

（4）现网部署 Massive MIMO 技术时，需要考虑哪些因素？

（5）相比于传统的 D2D 技术，5G 网络的 D2D 具备哪些优势？增益有哪些？

5 5G 空中接口及信令流程

【背景引入】

空中接口（以下简称为空口）定义了终端设备与网络设备之间的电磁波连接的一系列传输规范，使无线通信像有线通信一样可靠。在 5G 网络中，这里的终端设备是移动终端，网络设备是基站，空口定义了每个无线信道的频率、带宽、接入时机、编码格式和切换等操作规范。5G 空口采用基于 OFDM 的全新空口架构 NR，继承了 LTE 的空口协议栈结构，并做了一定的修改，也是下一代非常重要的蜂窝移动技术基础。

本章介绍 5G 空口协议栈、帧结构、视频资源、物理信道、物理信号以及 5G 信令基本流程和分析方法。内容结构如图 5-1 所示。

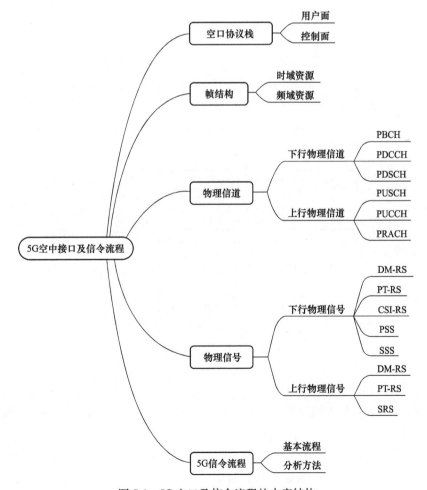

图 5-1 5G 空口及信令流程的内容结构

5.1　5G空口协议栈

【提出问题】

与LTE的空口协议栈相比,5G空口协议栈有什么特点?

【知识解答】

扫一扫查看
5G空口协议栈

空口协议栈分为两个平面:用户面和控制面。用户面协议栈即用户数据传输采用的协议簇,控制面协议栈即系统的控制信令传输采用的协议簇。从整体协议栈结构来看,5G和4G的协议栈从根本上说没有什么大的变化。

A　控制面协议栈

UE所有的协议栈都位于UE内;而在网络侧,NAS层不位于基站gNB上,而是在核心网的AMF实体上。还有一点需要强调的是,控制面协议栈不包含SDAP层。图5-2为空口控制面协议栈。

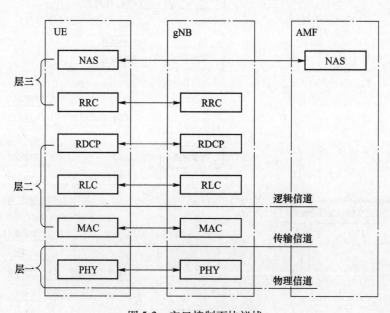

图5-2　空口控制面协议栈

B　用户面协议栈

除新增了的SDAP协议栈之外,其他结构也是完全相同。图5-3为空口用户面协议栈。

C　各层的功能

从空口协议栈分层来看:层一提供物理实体间的可靠性传送、适配传输媒介;层二信道复用、解复用,数据格式的封装,数据包调度;层三寻址、路由选择、连接的建立和控制、资源配置。具体每一层的功能见表5-1。

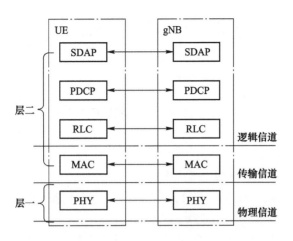

图5-3　空口用户面协议栈

表5-1　空口协议功能表

所属层	协议名称	对应中文含义	功 能 描 述
层三	NAS	非接入层	会话管理；用户管理；安全管理；计费
	RRC	无线资源控制层	系统消息；准入控制；安全管理；测量与上报；切换和移动性；NAS 消息传输无线资源管理
层二	SDAP	数据适配协议	负责 QoS 流与 DRB（数据无线承载）之间的映射；为数据包添加 QFI（Qos flow ID）标记
	PDCP	分组数据汇聚协议	传输用户面和控制面数据；维护 PDCP 的 SN 号；路由和重复（双连接场景）；加密/解密和完整性保护；重排序；支持乱序递交；重复丢弃；ROHC（用户面）
	RLC	无线链路控制层协议	检错、纠错 ARQ（AM 实体）；分段重组（UM 实体和 AM 实体）；重分段（AM 实体）；重复包检测（AM 实体）
	MAC	介质访问控制层	逻辑信道和传输信道之间的映射；复用/解复用；调度；HARQ；逻辑信道优先级设置
层一	PHY	物理层	eMBB 场景编码：控制信道 Polar 码，业务信道 LDPC 码；调制：QPSK、16QAM、64QAM、256QAM；Massive MIMO 等数据传输服务功能

【知识总结】

从无线协议栈来看，NR 控制面协议栈与 LTE 控制面协议栈一致；NR 用户面协议栈相比 LTE 用户面协议栈在 PDCP 层之上多了一个 SDAP 层。SDAP 层主要用于 QoS 流与无线承载之间的映射。

5.2 帧结构及时频资源

【提出问题】

目前最热门的无线网络当属 5G，那 5G 的物理层帧结构与 4G 有什么差异？

【知识解答】

扫一扫查看
5G 帧结构

A 帧结构的基本概念

在分析 5G 帧结构之前，先介绍几个重要概念，见表 5-2。

B 子载波间隔与帧结构

与 4G 相比，NR 支持多种子载波间隔。有关于 NR 子载波间隔类型及符号长度如图 5-4 所示。

表 5-2 帧结构的基本概念

基本参数	含 义	取 值	对应 4G 的取值
无线帧	为数据链路层的协议数据单元，包括帧头、载荷和帧尾。帧头和帧尾包含控制信息；载荷是网络层传输的数据。	10ms	10ms
子帧	每个无线帧分为 10 个子帧	1ms	1ms
时隙	时域资源的最小单位	$1/2^u$	0.5ms
子载波	频域资源的最小单位	参考图 5-4	15kHz

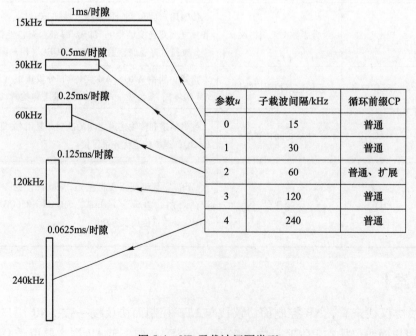

图 5-4 NR 子载波间隔类型

从图中可以看出，NR 子载波间隔支持 5 种类型，子载波间隔 Δf 与参数 u 的对应如式（5-1）所示：

$$\Delta f = 2^u \times 15 \tag{5-1}$$

从式（5-1）可以看出，每种子载波间隔都对应一个参数 u，即子载波间隔可以设为 15kHz、30kHz、60kHz、120kHz 和 240kHz，这是结合循环前缀、相位噪声和多普勒频移设置的。在普通 CP 模式下，每个 NR 时隙内的 OFDM 符号数量固定为 14，可见，OFDM 符号长度随着子载波间隔的增大而减小。图 5-5 是一个 NR 无线帧的帧结构图，图中画的是子载波等于 60kHz 的无线帧结构。

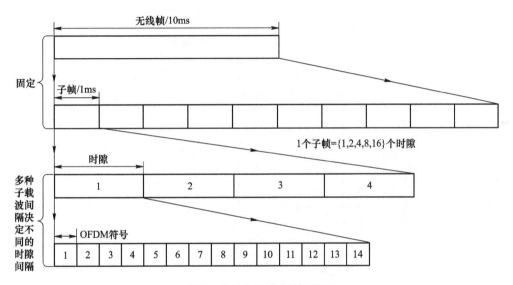

图 5-5 NR 无线帧的帧结构图

C 时频资源

NR 的时频资源是从二维的角度分析的，其网格定义如图 5-6 所示，物理层进行资源映射时，以时频资源单元 RE 为基本单位，一个 RE 由时域上一个符号和频域上一个子载波组成，一个时隙上所有 OFDM 符号和频域上 12 个子载波组成一个资源块 RB。图 5-6 是子载波间隔 $\Delta f = 15$kHz 情况下，一个时隙的时频资源网格图（其他子载波间隔的可以结合图 5-5 分析）。

资源网格上的每个元素称之为一个 RE（Resource Element），是 NR 中的最小物理资源。一个 RE 可存放一个调制符号（Modulation Symbol），该调制符号可使用 QPSK（对应一个 RE 存放 2bit 数据）、16QAM（对应一个 RE 存放 4bit 数据）或 64QAM（对应一个 RE 存放 6bit 数据）调制。而一个 RB（Resource Block）在时域上包含其值为一个时隙内所有的符号，在频域上包含 12 个连续的子载波。因此一个 RB 具体数目不是固定的，但对应时域上的 1 个 slot 和频域上 12 个连续的子载波。

注意：调制符号（Modulation Symbol，有时也简称为符号 symbol）强调的是放在一个 RE 上的数据，而前一节介绍的符号（symbol）强调的是时域上的概念，而非数据。

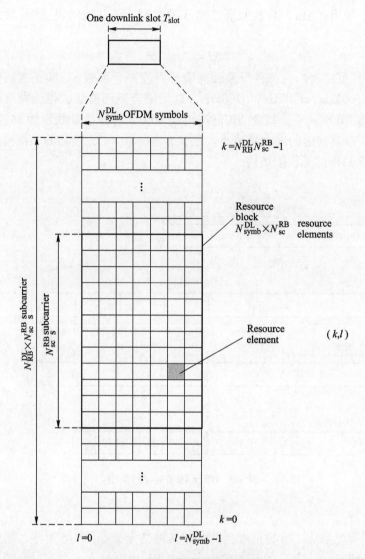

图 5-6 NR 时频资源网格示例

【知识总结】

NR 时频资源继续沿用了 4G 制式的特点，目的是为更好地保持 5G 和 4G 之间的共存，有利于 4G 和 5G 共同部署模式下时隙与帧结构同步，简化小区搜索和频率测量；同时依据 5G 的不同带宽，在帧结构中定义了灵活的子载波间隔，时隙和字符长度可根据子载波间隔灵活定义，适应多种业务。

5.3 物理信道与物理信号

【提出问题】

物理信道的作用是什么？物理信道与物理信号的关系是什么？

【知识解答】

扫一扫查看
物理信道与物理信号

A　物理信道

物理信道指依托物理媒介传输信息的通道，如电话线、光纤、同轴或微波等。这里将介绍 5G 空口的物理信道，用于承载物理层之上的各层信息的时频资源；物理信道的功能及调制方式见表 5-3。

表 5-3　物理信道

类别	信道名称	功　能	调 制 方 式
下行	PBCH：物理广播信道	承载系统广播消息	QPSK
	PDCCH：物理下行控制信道	上下行调度，功控等控制信令的传输	QPSK
	PDSCH：物理下行共享数据信道	承载下行用户数据	QPSK、16QAM、64QAM、256QAM、1024QAM
上行	PRACH：随机接入信道	用户随机接入请求消息	QPSK
	PUCCH：上行公共控制信道	HARQ 反馈，CQI 反馈，调度请求指示等 L1/L2 控制信令。	QPSK
	PUSCH：上行共享数据信道	承载上行用户数据	QPSK、16QAM、64QAM、256QAM、1024QAM

B　物理信号

由 PHY 层使用但不承载来自高层（即物理层之上的各层）信息的时频资源。物理信号的功能见表 5-4。

表 5-4　物理信号

类别	信道名称	功　　能
下行	PSS：主同步信号	用于符号的时间同步，同时提供物理层小区标识中组内的物理层标识
	SSS：辅同步信号	用于提供确定物理层小区标识组，UE 通过 PSS 和 SSS 获得物理层小区标识，即 PCI
	DMRS：解调参考信号	用于相干解调时的信道估计
	PT-RS：相位跟踪参考信号	用于进行相位噪声的补偿，PT-RS 在时域上比 DM-RS 密集，在频域上比 DM-RS 稀疏，如果配置了 PT-RS，则 PT-RS 可与 DM-RS 结合使用
	CSI-RS：信道状态信息参考信号	用于获得下行信道状态信息，特定的 CSI-RS 实例被配置以方便时/频跟踪和移动性测量
上行	DM-RS：解调参考信号	用于上行数据解调、时频同步等
	PT-RS：位相跟踪参考信号	用于上行相位噪声跟踪和补偿
	SRS：探测参考信号	用于上行信道测量、时频同步、波束管理

NR 采用极简设计，可最大限度地减少永远在线的传输，从而增强网络能效，减少干

扰，并确保向前兼容。与 LTE 中的设置相反，NR 中的参考信号仅在必要时发送。接下来简要讨论四个主要的参考信号：DM-RS、PT-RS、CSI-RS 和 SRS。

DM-RS 用于估计解调的无线信道。DM-RS 是 UE 特定的，可以进行波束赋形传输，仅针对调度资源，并且仅在必要时传输，包括下行链路和上行链路。DM-RS 的设计考虑了提前解码的要求，以支持低时延的应用。因此，DM-RS 位于时隙的起始位置（称为前置 DM-RS）。对于低速场景，在时域上使用低密度 DM-RS（即一个时隙中较少的 OFDM 符号包含 DM-RS）。对于高速场景，在时域上增加 DM-RS 的密度以跟踪无线信道的快速变化。

NR 中引入 PT-RS 以补偿振荡器相位噪声。通常，相位噪声随振荡器载波频率的升高而增加。因此可以在高频（例如毫米波）使用 PT-RS 以抑制相位噪声。OFDM 信号中的相位噪声引起的主要衰减之一是对所有子载波造成相同的相位旋转，称为公共相位误差（Common Phase Error，CPE）。所设计的 PT-RS 在频域中比较稀疏，而在时域中非常密集，原因如下：由 CPE 产生的相位旋转对于一个 OFDM 符号内的所有子载波是相同的，但 OFDM 符号之间的相位噪声具有低相关性。PT-RS 在频域的密度为每个 PRB 中一个子载波，或者每两个 PRB 中一个子载波，或者每四个 PRB 中一个子载波。在时域的密度为每个 OFDM 符号一个，或者每两个 OFDM 符号一个，或者每四个 OFDM 中符号一个。和 DM-RS 一样，PT-RS 也是 UE 特定的，只针对所调度的资源，也可以进行波束赋形。PT-RS 的配置依赖于振荡器的质量、载波频率、OFDM 子载波间隔，以及用于传输的调制编码方式（Modulation and Coding Scheme，MCS）。

CSI-RS 是下行参考信号，主要用于获取 CSI、波束管理、时间/频率跟踪和上行功率控制。它的设计非常灵活，以支持多样化的用例。用于获取 CSI 的 CSI-RS 用于确定信道的 CSI 参数，如用于链路自适应和确定预编码器的信道质量指示（Channel Quality Indicator，CQI）、秩指示（Rank Indicator，RI）以及预编码矩阵指示（Precoding Matrix Indicator，PMI）。此外，所谓的 CSI 干扰测量（CSI Interference Measurement，CSI-IM）资源，是零功率 CSI-RS（ZP CSI-RS）资源，可以配置用于 UE 的干扰测量。CSI-RS 通过测量每个波束的参考信号接收功率（Reference Signal Received Power，RSRP）来评估用于数据传输的候选波束，从而进行波束管理。它还可用于波束恢复。跟踪参考信号（Tracking Reference Signal，TRS）是指配置的用于时间/频率跟踪的 CSI-RS。TRS 可用于精细的时间和频率同步及多普勒和时延扩展估计。这是信道估计和解调所需要的。

在上行链路中发送 SRS 来进行 CSI 测量，主要用于调度和链路自适应。在 NR 中，SRS 也将用于基于互易性的大规模 MIMO 预编码器设计和上行波束管理。SRS 采用模块化和灵活的设计以支持不同的过程和 UE 能力。

C　物理信道和物理信号的关系

物理信道是用于物理层具体信号的传输，即物理信道传输物理信号。物理信道分为公共信道（PBCH、PRACH），控制信道（PDCCH、PUCCH）和数据信道（PDSCH、PUSCH）。公共信道、控制信道和参考信号都是为传输和接收数据信道服务。图 5-7 展示了这些信道之间的关系。

【知识总结】

物理信道是用来描述空口无线信道的时频资源，用于承载物理信号的发送和接收。

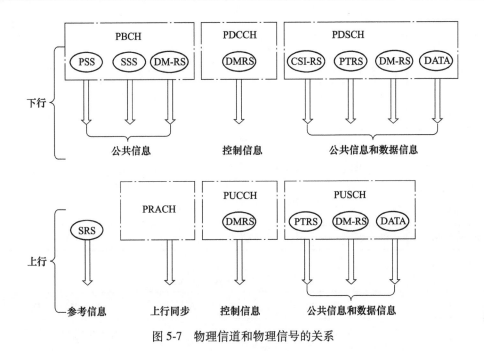

图 5-7　物理信道和物理信号的关系

5.4　5G 信令流程及分析方法

【提出问题】

5G 主要的信令流程有哪些？如何对这些信令流程进行分析？

【知识解答】

扫一扫查看
5G 信令流程

A　信令流程基本知识

（1）5G UE AS 侧标识-RNTI（见表 5-5）。

（2）5G UE NAS 层标识（见表 5-6）。

（3）5G 空口 RRU 状态及迁移。

相较于 4G 只有 RRC_IDLE 和 RRC_CONNECTED 两种 RRC 状态，5G
NR 引入了一个新状态 RRC_INACTIVE，主要原因为：

表 5-5　5G UE AS 侧标识-RNTI

标识类型	应用场景	获得方式
RA-RNTI	随机接入中用于指示接收随机接入响应消息	根据 PRACH 时频资源位置获取
Temporary CRNTI	随机接入中，没有进行竞争裁决前的 CRNTI	gNodeB 在随机接入响应消息中下发给终端
C-RNTI	用于标识 RRC Connected 状态的 UE	初始接入时获得
CS-CRNTI	半静态调度标识	gNodeB 在调度 UE 进入 SPS 时由 RRC 分配

续表 5-5

标识类型	应 用 场 景	获 得 方 式
P-RNTI	寻呼消息调度	FFFE（固定标识）
SI-RNTI	系统广播消息调度	FFFE（固定标识）
MCS-C-RNTI	用于指示 PUSCH/PDSCH 使用的 MCS 表格	通过 RRC 消息中的 PhysicalCellGroup-Config 信源携带
SFI-RNTI	用于加扰 Format 2_0，指示时隙结构	
INT-RNTI	用于加扰 Format 2_1，指示抢占信息	
TPC-PUSCH/PUCCH/SRS-RNTI	加扰上行功控 DCI，用于上行功率控制流程	
SP-CSI-RNTI	用于加扰 Format 2_0，指示时隙结构	

表 5-6　5G UE NAS 层标识

用户标识	名　称	来　源	作　用
IMSI	International Mobile Subscriber Identity	SIM 卡	作为用户的身份标识，但 5G 中可能引入新的标识
IMEI	International Mobile Equipment Identity	终端	国际移动台设备标识，唯一标识 UE 设备，用 15 个数字表示
5G-GUTI	5G Globally Unique Temporar y Identifier	由 AMF 分配	取代 IMSI 作为用户的临时 ID，提升安全性

1）UE 快速转换到 RRC 连接态，满足 5G 控制面时延要求；

2）UE 终端节能。

其三种状态的迁移过程如图 5-8 所示。

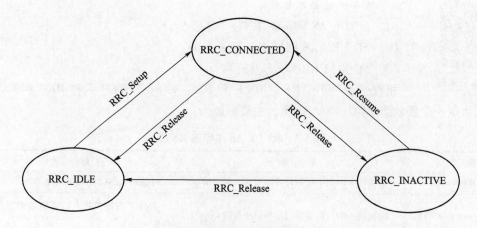

图 5-8　RRC 状态迁移过程

这三个状态涉及的特征分别见表 5-7。

表 5-7 三个状态涉及的特征

特 征	RRC_CONNECTED	RRC_IDLE	RRC_INACTIVE
PLMN 选择		●	
系统信息广播		●	●
UE 移动性-小区选择和重选		●	●
UE 移动性-小区切换	●		
接收 5GC 发起的寻呼		●	●
接收基站发起的寻呼			●
5C 控制的寻呼区域		●	
NG-RAN 控制的寻呼区域			●
基站保留 UE 上下文	●		●
5GC-NG-RAN 链路建立	●		●
UE 发送/接收单播数据	●		

NR 中引入 RRC_INACTIVE 状态的目的是减少控制面使用并达到终端省电的目的，终端处于 RRC_INACTIVE 状态时，终端保留了最后一个服务小区里工作的上下文，并且允许终端在一定的范围内移动而不需要通知网络在哪个小区。网络侧保持了 NG 接口连接，并且和 UE 一起保留了 NAS 信令连接，所以，UE 只需要进行 RESUME 过程来恢复信令承载（SRB）和数据承载（DRB），然后就可以开始直接发送或者接收数据，所以 NR 系统的控制面时延就变成了 RRC 连接恢复过程的时延。而 RRC 连接恢复过程在 MAC 层的随机接入过程结束的时候。在 5GC 的角度，终端只有 RRC_IDLE 和 RRC_CONNECT 两种状态，也就是说 RRC_INACTIVE 对 5GC 来说是透明的。当 UE 在 RRC_INACTIVE 状态，当有 NAS 消息或是下行数据包需要发送时，5GC 还是会把 NAS 消息/数据包发送给 gNB，而 gNB 其实并不知道 UE 移动到了哪个小区，所以需要发起一个寻呼，而这个寻呼消息会在一定的范围内通过 Xn 接口进行传递，UE 在新的 gNB 上进行网络接入时，当前的 gNB 需要从最后一个服务 UE 的 gNB 那里获取这个 UE 的上下文，这使得这两个 gNB 之间要有连接。

（4）5G 无线承载。

无线承载（RB）是 RRC 层的概念，是基站为 UE 分配的不同层协议实体及配置的总称，包括 PDCP 协议实体、RLC 协议实体、MAC 协议实体和 PHY 分配的一系列资源等。5G 无线承载分为信令承载和数据承载，如图 5-9 所示。

1）SRB0 用于 RRC 消息，使用 CCCH 逻辑信道；也就是 SRB0 在 RLC 实体的传输类型是 TM 模式，不需要加密，是在随机接入成功后，为终端建立的默认信令承载。

2）SRB1 用于 RRC 消息，使用 DCCH 逻辑信道；同时对于 NAS 消息，SRB1 先于 SRB2 的建立，RLC 实体的传输类型是 AM 或 UM 模式。

3）SRB2 用于 NAS 消息，使用 DCCH 逻辑信道。SRB2 要后于 SRB1 建立，并且总是由 E-UTRAN 在安全激活后进行配置。

4）SRB3 用于 NSA 双连接场景，使用 DCCH 逻辑信道。

5）DRB 承载的不是 RRC 层的 RRC 消息，而是终端与核心网数据网关之间的 IP 数据包。

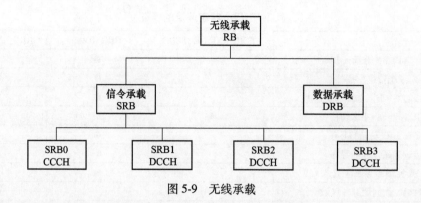

图 5-9 无线承载

（5）注册管理与连接管理。

注册管理 RM 表示 UE 是否成功注册到 5GC AMF，有两种状态：RM-DEREGISTERED 和 RM-REGISTERED。这两种状态在特定的消息触发下可以发生迁移。

连接管理 CM 是由 UE 和 AMF 间的 NAS 信令连接的建立和释放两部分组成。NAS 信令连接用于 UE 和核心网之间进行 NAS 信令交互，有两种状态：CM-IDLE 和 CM-CON-NECTED。

（6）NAS 层状态流程-会话管理。

5GC 支持 PDU 连接业务，PDU 连接业务就是 UE 和 DN 之间交换 PDU 数据包的业务；PDU 连接业务通过 UE 发起 PDU 会话的建立来实现。一个 PDU 会话建立后，也就是建立了一条 UE 和 DN 的数据传输通道。每个 PDU 会话支持一个 PDU 会话类型，PDU 会话在 UE 和 SMF 之间通过 NAS SM 信令进行建立、修改、释放。网络也可以发出 PDU 会话的建立：

1）应用服务器要建立 PDU 会话连接时会给 5GC 发送触发消息；

2）5GC 收到应用服务器的建立请求时会给 UE 发送触发 PDU 会话建立的消息；

3）UE 收到后会将其发给 UE 上对应的应用；

4）UE 上的应用根据触发消息的内容来决定何时发起指定的 PDU 会话连接。

B 信令流程

5G 网络包含 NSA 和 SA 两种组网方式，但是按照网络演进过程，NSA 非独立组网只是一个过渡的组网方式，最终还是以 SA 组网为主。接下来将介绍 SA 组网模式下的信令流程。

（1）小区搜索（见图 5-10）。

小区搜索用于 UE 接入网络前的下行同步过程，是选择信号最好的小区。和 LTE 相同，NR 中小区搜索的主要目的也是获得下行时频资源的同步，两者基本流程相同，只是由于 NR 中 SSB 的位置不再固定，导致了一些不同。小区搜索是终端取得小区下行方向的频率和时间同步并进而检测小区识别号的过程。

终端需要进行小区搜索的最常见情况是用户新开机和小区切换的需要。小区搜索要达到的主要目的有 3 个：

1）完成下行同步，包括频率、符号和帧同步（PSS）；

2）获得当前小区的识别符（SSS）；

3）接收并解码广播信道 BCH 上的系统信息，与小区建立正常联系（PBCH）。

终端先搜索 PSS，同步到 PSS 周期，可以使用网络的发送作为产生内部频率的参考，从而很大程度上消除了终端和网络之间的频率差。

终端一旦检测到 PSS，也就知道了 SSS 的发送定时，通过检测 SSS，终端可以确定该小区的物理小区标识 PCI。

PSS 和 SSS 是有着特定结构的物理信号，而 PBCH 则是更为传统的物理信道。PBCH 上承载着主系统信息块 MIB，MIB 上有很少部分信息，终端通过这些信息获取网络广播的其余系统信息 SIB1。

系统信息是终端在网络中正常工作所需的全部公共信息的统称。通常系统信息由不同的系统信息块 SIB 来承载，每个块包含不同类型的系统信息。

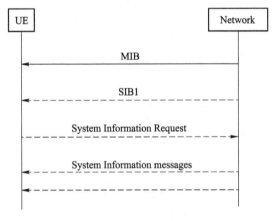

图 5-10　小区搜索流程

SIB1（有时也称剩余最小系统信息 RMSI）包含了终端在接入系统前需要获知的系统信息。SIB1 的重要任务是提供初始随机接入所需的信息。其余 SIB 信息不需要在接入系统前获知。

总之，UE 小区搜索实现 SSB 的获取，其中两个信号 PSS＼SSS，PSS 实现频率同步，SSS 实现获知小区的 PCI，信道 PBCH 上承载 MIB，通过 MIB 获取 SIB1，其中有系统随机接入前所需的信息。

（2）初始入网流程（见图 5-11）。

SA 场景 UE 开机入网包含以下几个步骤：

1）获得上下行同步：侦听网络获得下行同步；随机接入，获取上行同步；

2）建立 UE 到核心网的信令连接；

3）完成到 NGC 的注册；

4）完成 PDU 会话建立：PDU 会话建立是独立于注册的流程，而 LTE 网络则是 Attach 流程中包含了默认承载建立流程。

（3）业务请求流程（见图 5-12）。

1）何时触发。用户注册之后，如果 UE 回到 Idle 模式，再发起业务时使用 Service Request 流程，也就是：当 UE 无 RRC 连接且有上行数据发起需求时；当 UE 处于 CM IDLE 态且有下行数据达到时。

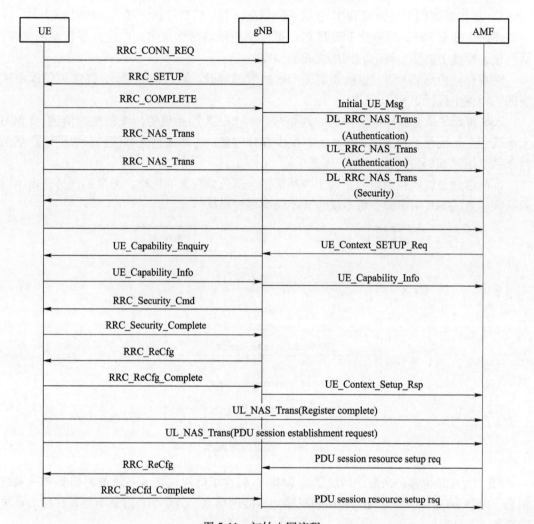

图 5-11　初始入网流程

2）触发原因：UE 触发；网络触发，即寻呼+Service Request，或者网络对空闲状态 UE 发起信令过程，如注销等过程。

（4）PDU 会话管理流程。

PDU 会话管理流程如图 5-13 所示。

（5）系统内切换——站内切换（见图 5-14）。

CU 测量控制下发：源 DU 小区将测量控制信息通过 F1 接口传递给 CU，CU 通过 RRC 信令下发给 UE；同频切换使用 A3 事件。

UE 测量结果上报：当测量结果满足 A3 上报条件时，UE 上报服务小区和邻区的测量结果；

源 DU 小区切换判决：选择信号质量最好的邻区尝试执行切换命令执行：下发 RRC 重配命令给 UE。

（6）系统内切换——站间 Xn 切换和站间 Ng 接口切换。

站间切换与站内切换的基本流程是一致的，主要区别在于信令流程，站间切换分为

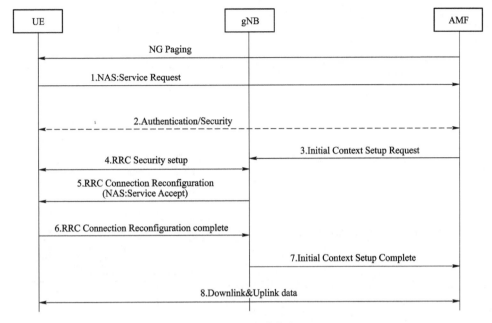

图 5-12 业务请求流程

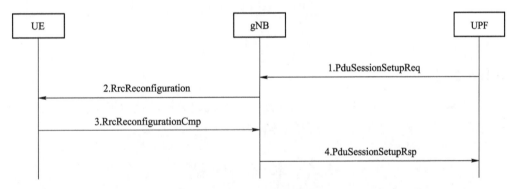

图 5-13 业务请求流程

Xn 和 Ng 切换，信令流程涉及 Xn 或 Ng 接口，涉及的网元包括目标 gNB 和 AMF。具体流程图这里就不画了。

（7）SA 异系统切换流程。

分为两种类型：

1）HO based on coverage（NR->LTE）。当 UE 建立无线承载时，gNodeB 向 UE 发送 measurement configuration 信息，包含 A2 测量的相关配置，UE 执行相关测量。如果 gNodeB 收到 A2 事件，下发异系统 B2 测量及 A1 测量。收到 A1 事件报告，停止异系统切换测量。

2）HO based on voice service（EPS Fallback）。UE 在建立 Voice Flow（5QI=1）时，如果语音业务的承载策略是承载在 LTE 网络上，则 gNodeB 拒绝 Voice Flow 的建立，通知 UE 进行 B1 测量，当 UE 上报 B1 测量报告后，gNodeb 收到 B1 测量报告后根据其携带的 PCI 找到符合条件 LTE 小区。

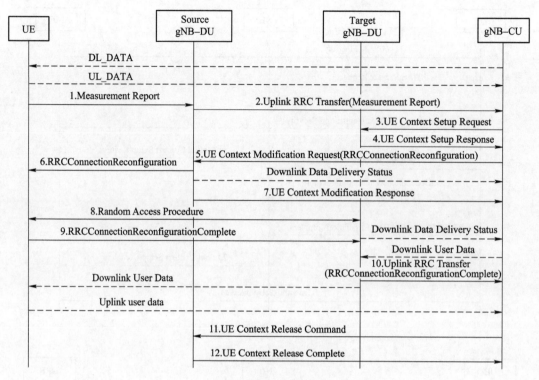

图 5-14　站内切换流程

【知识总结】

信令流程是为数据传输做准备的，5G 终端从开机到关机涉及很多流程，但不是所有的流程都需要走一遍，这取决于手机的具体行为。

5.5　本 章 小 结

本章介绍了 5G 空口协议栈，包括用户面和控制面协议栈；并且详细分析了 NR 空口帧结构和对应的时频资源，以及承载的物理信道和物理信号，利用上述知识，展开了 5G 信令流程的分析。这些知识是后续基站建设与维护的重要基础。

5.6　思 考 与 练 习

A　选择题

（1）5G NR 帧结构的基本时间单位是（　　）。

A. subframe　　　　B. slot　　　　　　C. Tc　　　　　　　D. symbol

（2）5G 无线帧长是（　　）ms。

A. 5　　　　　　　　B. 10　　　　　　　C. 20　　　　　　　D. 40

（3）EN-DC 中，MCG 进行 NR 邻区测量使用的参考信号是（　　）。

A. SSB RS　　　　　B. CSI-RS　　　　　C. C-RS　　　　　　D. DM-RS

（4）在5G技术中，用于提升接入用户数的技术是（　　　）。

A. Massive MIMO B. SOMA　　　　C. Massive CA　　　D. 1mcTTI

（5）NR空口协议栈新增的协议层是（　　　）。

A. RRC层　　　　B. SDAP层　　　　C. PDCP层　　　　D. MAC层

（6）以下不属于NR中RRC层功能的是（　　　）。

A. 广播消息下发　　　　　　　　B. 空闲态移动性管理

C. 调度　　　　　　　　　　　　D. 无线资源管理

（7）在5G空口协议栈中，PDCP层功能不包括（　　　）。

A. 加解密和完整性保护　　　　　B. 路由和复制

C. 重排序　　　　　　　　　　　D. 分段重组

（8）对于mMTC业务，更适合部署的SCS是（　　　）。

A. 15kHz　　　　B. 30kHz　　　　C. 60kHz　　　　D. 120kHz

（9）以下不是5G相比于LTE新增的空口概念的是（　　　）。

A. BWP　　　　B. Numerology　　C. CCE　　　　D. CORESET

（10）5G的1个CCE包含（　　　）个RE。

A. 72　　　　　B. 6　　　　　　C. 36　　　　　D. 16

（11）以下不会由PDCCH传送的信息是（　　　）。

A. PDSCH的资源指示信息　　　　B. PUSCH的资源指示信息

C. PDSCH编码调制方式　　　　　D. PMI信息

（12）NR 3GPP R15序列长度为139的PRACH格式一共有（　　　）种。

A. 4　　　　　　B. 6　　　　　　C. 8　　　　　D. 9

B 判断题

（1）5G空口协议栈与4G一样，没有任何变化。　　　　　　　　　（　　　）

（2）相较于4G只有RRC_IDLE和RRC_CONNECTED两种RRC状态，5G NR引入了一个新状态RRC_INACTIVE。　　　　　　　　　　　　　　　　　　　　（　　　）

（3）5G新NR空口协议栈分为两个平面：用户面和控制面。　　　（　　　）

（4）控制面协议栈即用户数据传输采用的协议簇。　　　　　　　（　　　）

（5）用户面协议栈即系统的控制信令传输采用的协议簇。　　　　（　　　）

（6）NR时频资源继续沿用了4G制式的特点，目的是为更好地保持5G和4G之间的共存，有利于4G和5G共同部署模式下时隙与帧结构同步。　　　　　　　（　　　）

（7）注册管理RM有两种状态：M-DEREGISTERED和RM-REGISTERED。这两种状态在特定的消息触发下可以发生迁移。　　　　　　　　　　　　　　　　　（　　　）

（8）连接管理CM是由UE和AMF间的NAS信令连接的建立和释放两部分组成。

（　　　）

C 简答题

（1）请简述RB、RE、CCE的定义，及其在物理信道中的应用。

（2）请简述动态时隙配比的原理。相比于半静态时隙配比，其优势是什么？

（3）请描述5G下行信道有哪些，并详细说明每个下行物理信道的功能。

（4）相比于LTE，NR新引入的物理信号是什么？应用场景是什么？

6　5G 网络应用与典型案例

【背景引入】

目前无论是国内还是国外，5G 无论是在技术、标准、产业生态还是网络部署等方面都取得了阶段性的成果，新的应用场景与市场化探索已开始在部分行业逐渐显现，主要涉及工业、农业、文体娱乐、政务事业、医疗、交通运输、金融、旅游、教育和电力等行业，如图 6-1 所示。

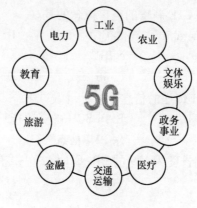

图 6-1　5G 行业应用

本章 5G 网络应用与典型案例内容结构如图 6-2 所示。

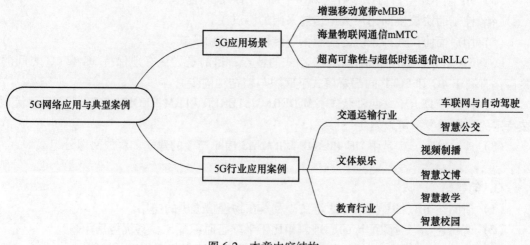

图 6-2　本章内容结构

6.1 5G 应用场景

【提出问题】

目前生活中很多人的手机都可以使用 5G 网络了，5G 网络的应用已经融入我们的日常生活。那么除了手机可以应用 5G 网络外，现实中 5G 还有哪些应用场景呢？

【知识解答】

从 5G 的技术标准来看，国际电信联盟（International Telecommunication Union，ITU）为 5G 定义了三大典型应用场景，分别是增强移动宽带（Enhance Mobile Broadband，eMBB）、海量机器通信（Massive Machine Type Communication，mMTC）、超高可靠性低时延通信（Ultra Reliable & Low Latency Communication，URLLC），如图 6-3 所示。

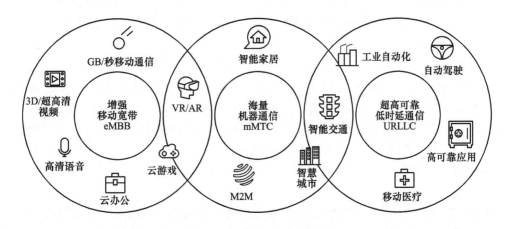

图 6-3 5G 面向的应用场景

6.1.1 增强移动宽带 eMBB

扫一扫查看 5G 应用场景之一——增强移动宽度 eMBB

顾名思义，增强移动宽带 eMBB 主要是指人们现在使用的移动宽带（移动上网）的增强版，是 3G 和 4G 的延续和增强。5G 增强型移动宽带具备更大的吞吐量、低延时以及更一致的体验，主要是服务于消费互联网的需求，是提升以"人"为中心的娱乐、社交等个人消费业务的通信体验，适用于高速率、大带宽的移动宽带业务。具体体现在 3D 超高清视频远程呈现、可感知的互联网、超高清视频流传输、高要求的赛场环境、宽带光纤用户以及虚拟现实等领域。

（1）eMBB 关键的性能指标：

1）100Mbit/s 用户体验速率（热点场景可达 1Gbit/s）；

2）数十 Gbit/s 峰值速率；

3）每平方公里数十 Tbit/s 的流量密度；

4）每小时 500km 以上的移动性。

（2）eMBB 具体业务指标：

1）对于慢速移动用户，用户的体验速率要达到 1Gbit/s 量级；

2）对于高速移动或者信噪比会比较恶劣的场景，用户的体验速率至少要达到 100 Mbit/s；

3）业务密度最高可达 Tbit/s/km^2 量级；

4）对于高速移动用户，最高需要支持 500km/h 的移动速率；

5）用户平面的延时需要控制在 4ms。

（3）eMBB 典型应用场景：

1）虚拟现实/增强现实。VR/AR 是近眼现实、感知交互、渲染处理、网络传输和内容制作等信息技术相互融合的产物，高质量 VR/AR 业务对带宽、时延要求不断提升，速率从 25Mbit/s 逐步提高到 1Gbit/s，时延从 30ms 降低到 5ms 以下。伴随海量数据和计算密集型任务转移到云端，未来"Cloud VR/AR"将成为 VR/AR 与 5G 融合创新的典型范例。5G 大带宽、低时延能力，可有效解决 VR/AR 传输带宽不足、互动体验不强和终端移动性差等痛点，推动媒体行业转型升级。

2）超高清视频。视频类业务的带宽需求，支持高清电视、AR/VR/MR、全息投影设备等。3D 码流速率为 50Mbit/s（4K），200Mbit/s（8K），1000Mbit/s（12K），相较于 4G 网络，5G 提供的带宽速率成倍提高。超高清视频的典型特征就是高速率与大数据量，按照产业主流标准，4K、8K 视频传输速率一般在 50Mbit/s 与 200Mbit/s 以上，4G 网络已无法完全满足。5G 网络的大带宽能力成为解决该场景需求的有效手段。当前 4K、8K 超高清视频与 5G 技术结合的场景不断出现，广泛应用于文体娱乐等行业，成为市场前景广阔的基础应用。

看过电影《头号玩家》的人们，一定会对银幕上真实感爆棚的虚拟现实游戏"绿洲"心动。5G 带来画质分辨率、渲染处理速度、网络传输速率的全面提升，与超高清显示、增强现实、虚拟现实、裸眼 3D 视频等技术一起，推动用户交互方式再次升级，《头号玩家》中身临其境般的体验并不遥远。

3）视频监控。通过摄像头和传输网络，将采集的视频信息传送到视频监控云平台或边缘计算平台（提升响应时间），与人工智能融合，可用于目标与环境识别。视频监控与 5G 的大带宽、低时延能力相结合，有效提升视频监控与目标环境识别的传输和反馈处理速度。

6.1.2　海量物联网通信 mMTC

扫一扫查看 5G 应用场景之二——海量物联网通信 mMTC

海量物联网通信 mMTC 意味着海量机器类通信，主要实现于物与物之间的通信需求。5G 通信网络可接入大数量、高密度的终端设备，现阶段，国际电信联盟 ITU 对 mMTC 的应用场景制定了具体的标准，每平方公里接入的终端设备不低于 100 万部。5G 高密度的连接让万物互联即物联网变为可能。从另一方面而言，终端设备接入网络越多，则给运营商带来了更多地应用需求。5G 海量物联网通信 mMTC 重点解决传统移动通信无法很好支持物联网及垂直行业应用的问题，主要面向于以数据和传感采集为目标的应用场景，例如，环境监测、森林防火、智能农业以及智慧城市等领域，为用户实现超低的功耗和成本，确保其朝着更加智能化与现代化的方向发展。

（1）mMTC 应用场景的目标：

1）传感器+数据采集；

2）非实时控制。

（2）mMTC 终端的特点：

1）终端的数量多，即大连接；

2）终端的种类多；

3）低功耗；

4）低成本；

5）小数据包；

6）传感和数据采集为目标。

（3）mMTC 典型应用场景：

1）智能家居。智能家居的核心是通过连接物联网，使不同终端的数据实现互联，同时解决家居产品的数据化问题，使家居产品更能满足用户需求、提升使用体验。智能家居类产品种类众多，而每个产品传输的数据量较小，且对时延要求不是特别敏感，5G 的大规模机器类通信情景正好满足此类型应用场景。

2）智慧城市。智慧城市是公认的 5G 的重要应用场景之一，能够被连接的物体多种多样，包括交通设施、空气、水、电表等，需要承载超过百万的连接设备，且各连接设备需要传输的数据量较小。

3）环境监测。环境监测是低功耗（设备耗电较少）大连接的应用场景之一，通常使用传感器进行数据采集，且传感器种类多样，同时对传输时延和传输速率不敏感，能够满足超高的连接密度。

4）森林防火。各地预警人员通过手机客户端，根据当地实时数据填报火险等级因子，系统即可生成当地火险预警等级图，并实时上报省森林防火预警监测指挥中心，自动实时生成以市（州）、县（市、区）、森工局为单位科学、精准的全省森林火险分布图，进而实施科学、合理的火险预警响应预案。

6.1.3　超高可靠性与超低时延通信 uRLLC

扫一扫查看 5G 应用场景之三——超高可靠性与超低时延通信 uRLLC

超高可靠性与超低时延通信 uRLLC 针对人与物之间的通信和控制，主要在于互联网的应用场景，面向对时延和可靠性要求极高的车联网以及工业控制等工业需求，能够实现毫秒级的时延，保证用户高可靠的低时延的体验。

uRLLC 意味着网络通信受延时的影响降低，同时信号传输变得更加稳定、可靠。当前 5G 通信技术延时的国际标准为低至 1ms，极低的延时给 5G 技术在远程在线医疗、在线教育、无人驾驶和应急处置等对即时需求较高的服务带来了广阔的应用场景。5G 的一个新场景是无人驾驶、工业自动化的高可靠连接。人与人之间进行信息交流，140ms 的时延是可以接受的，但是如果这个时延用于无人驾驶、工业自动化就很难满足要求。5G 对于时延的最低要求是 1ms，甚至更低。

以无人驾驶为例，现阶段无人驾驶还无法全面普及的原因就是网络通信还无法实现超低的时延，从而无法保证无人驾驶的可靠性，一旦无人驾驶的过程中出现紧急情况，其反馈信息不能即时传输，很容易造成严重损失。5G 的 uRLLC 应用场景使得无人驾驶的整个反馈更加及时，能够全程对其进行智能控制。

（1）uRLLC 应用业务特点：

1）低时延小于 1ms；

2）超可靠至少误报率 $<10^{-4}$；

3）对于高速移动场景如无人机控制，需要保证在飞行速度为 300km/h 时能提供上行 20Mbit/s 的传输速率。

（2）uRLLC 典型应用场景：

1）无人驾驶。无人驾驶汽车，需要中央控制中心和汽车进行互联，车与车之间也应进行互联，在高速度行动中，一个制动，需要瞬间把信息送到车上做出反应，100ms 左右的时间，车就会冲出几十米，这就需要在最短的时延中，把信息送到车上，进行制动与车控反应。

无人驾驶飞机更是如此。如数百架无人驾驶编队飞行，极小的偏差就会导致碰撞和事故，这就需要在极小的时延中，把信息传递给飞行中的无人驾驶飞机。工业自动化过程中，一个机械臂的操作，如果要做到极精细化，保证工作的高品质与精准性，也是需要极小的时延，最及时地做出反应。这些特征，在传统的人与人通信，甚至人与机器通信时，要求都不那么高，因为人的反应是较慢的，也不需要机器那么高的效率与精细化。而无论是无人驾驶飞机、无人驾驶汽车还是工业自动化，都是高速度运行，还需要在高速中保证信息及时传递和及时反应，这就对时延提出了极高要求。

2）机器人。当前，机器人产业方兴未艾，各种形态的机器人已开始在不同行业应用。5G 大带宽、低时延的网络能力，将使机器人性能得到巨大提升，信息回传速度、反应及时度、行动可靠性与控制精准性都有较大提升，还可将大部分计算放到云端打造云化机器人，数据安全性也将得到有效保障。未来，5G 机器人会在工业、医疗、安防等行业发挥更大作用。

3）工业制造业。在工业互联网领域，AI 和 5G 的融合发展将会促进云端工业机器人等行业的发展。5G 独立网络切片支持企业实现多用户和多业务的隔离和保护，大连接的特性满足工厂内信息采集以及大规模机器间通信的需求，5G 工厂外通信可以实现远程问题定位以及跨工厂、跨地域远程遥控和设备维护。5G 网络能够提供工业机器人所需的 AI 技术助推自动化/智能化，包括赋予云端智能和边缘化智能；另一方面，在智能制造过程中，5G 网络超低时延数据传输以及超高连接密度能够提供智能工厂远程操控大量工业机器人所需要的高精准、高强度交互，促进基于云和机器人之间交互性，以及人对机器人的远程操控灵活性。

【知识总结】

5G 通信技术有着极致的体验和极大的容量，更大的流量规模、超越光纤的响应速度更快捷、支持更多的设备互联，用户可通过手里的移动通信设备、虚拟模拟器材联入互联网络中，在 5G 通信技术更广的覆盖范围下，依靠高速的移动传输速率，人与世界之间将发生更紧密的联系。

6.2 5G 行业应用案例

【提出问题】

2019 年 6 月 6 日，工业和信息化部正式向中国电信、中国移动、中国联通、中国广电发放 5G 商用牌照，标志着我国正式进入 5G 商用元年。5G 牌照发放后，各大运营商加速 5G 网络建设，地方政府也加快 5G 应用布局，各区域、各行业结合自身情况在 5G 融合应用方面涌现出了一批代表性案例，你能列举一些 5G 行业典型应用案例吗？

【知识解答】

扫一扫查看 5G
行业典型应用案例

随着 5G 网络建设进入快速期，5G 应用创新不断深化，涵盖的应用领域与应用规模也不断扩大。5G 作为市场热点，得到业界高度关注，吸引大量资本与资源投入。5G 应用产业各参与方应洞察与聚焦用户实际需求，开展严谨的市场分析，按需推进 5G 应用创新研发。目前从国内外的市场来看，5G 相关应用已开始在部分行业出现，主要涉及工业、农业、文体娱乐等行业和智慧城市、智慧影院、智慧校园、智慧物流等诸多领域，如图 6-4 所示。接下来将选取其中一些典型的应用案例进行分析。

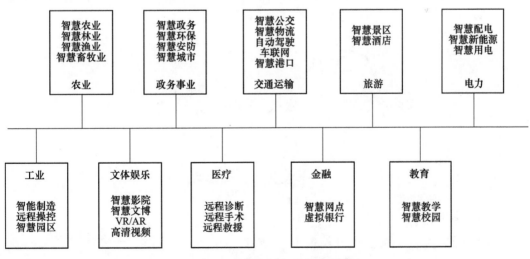

图 6-4 5G 典型应用行业与应用领域

6.2.1 交通运输行业

由交通运输部和国家发展改革委联合规划制定了一系列目标，建成安全、便捷、高效、绿色的现代综合交通运输体系，部分地区和领域率先实现交通运输现代化。到 2035

年，基本建成交通强国。到 21 世纪中叶，全面建成人民满意、保障有力、世界前列的交通强国。5G 将在其中扮演重要角色，以结合云计算、边缘计算、大数据、人工智能等技术，与政府管理部门、企业车联网、交通管理、公交、铁路、机场、港口和物流园区的监控、调度、管理平台配合，将智能化和数字化发展贯穿于交通建设、运行、服务、监管等全链条各环节。目前 5G 在交通运输行业中的应用主要体现在智慧公交、智慧物流、自动驾驶、车联网、智慧港口等领域。

A　车联网与自动驾驶

截止到 2020 年底，全国汽车保有量达 2.81 亿辆，每年仍以新增 2000 万~2500 万辆的速度发展，到 2025 年，全国汽车 L2-L3 级自动驾驶新车装配率达 25%，汽车保有量的逐年增加，对于交通运输与交通安全等带来极大影响。

5G 网络具有高传输速率、低时延、高可靠性等优点，是车联网和自动驾驶的完美搭配。5G 车联网与自动驾驶，可以提高道路交通安全、行人安全和道路运行效率，减少尾气污染和交通拥堵；政府管理部门可提高交通、运输、道路和环保的管理能力；运输企业可降低运营成本、提高运输效率；帮助汽车用户提高能源使用效率、降低汽车使用成本，提升乘车体验和出行效率等。

图 6-5 为 5G+车联网与自动驾驶解决方案，利用 5G 网络及车载摄像头、激光雷达、毫米波雷达、超声波雷达等车载传感设备，路侧摄像头、毫米波雷达等路侧传感设备，交通标志、交通信号灯等交通呈现设备，实现车载信息业务、车况状态诊断服务、车辆环境感知（前车透视、高精度地图等）、V2X 网联辅助驾驶、远程驾驶、网联自动驾驶（含自动驾驶编队）和智慧交通管理等应用。

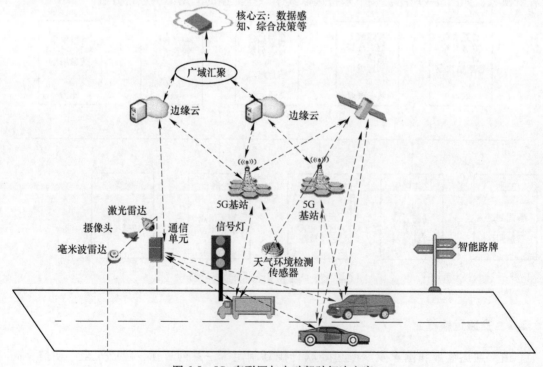

图 6-5　5G+车联网与自动驾驶解决方案

在 2019 中国国际数字经济博览会上，长城汽车 5G 远程无人驾驶在大唐移动强有力的网络支持下，凭借"i-Pilot 智慧领航"的 2.0 版本成功实现了 L4 级别城市自动驾驶。长城汽车 L4 级别城市自动驾驶技术，不仅能精准获悉行驶场景信息，实现限定区域的无人驾驶私家车、共享出行、物流快递等新服务运行，并且可涵盖私人出行和公共出行领域的社区、主题公园、科技园区等多种场景。利用 5G 网络，长城汽车依次完成 5G 远程无人驾驶、全自动代客泊车，通过遮挡的直角弯路、连续弯路、狭窄的龙门架、交叉路口、前方拥堵、前方故障停车等复杂路况后，毫秒间实现了无人启动加速、精准地转向、变道等操作。

B 智慧公交

公交车一直以来是城市公共交通与人民群众生活息息相关的重要基础设施，并且随着中国经济和人口数量的不断增涨，未来的长途客运和城市公交事业将会呈上升趋势的发展，同时乘客数量也在迅速地递增。然而随着人口的增加，就会产生很多问题。一旦公交车的数量无法满足乘客需求时，势必会造成公交拥挤、秩序混乱、逃票漏票、管理无章等严重现象，也势必对交通造成一定的影响。

智慧公交解决方案如图 6-6 所示，利用 5G 网络及视频监控等设备，可实现对公交车、出租车和城轨列车的调度和管理，对公交车、公交车站、城轨列车和城轨车站的安防监控。可帮助公交公司掌握不同时段的乘客信息，包括乘客数量、上下车乘客数量、分段乘客数量统计、旅客去向统计、超载分析等功能，以数据为基础，实现车辆智能调度，可以提升公共交通系统运行效率、运行安全、用户出行体验，推动公共汽电车、城轨列车生产厂商及零部件供应商向智能化、网联化、数字化方向转型升级和发展。

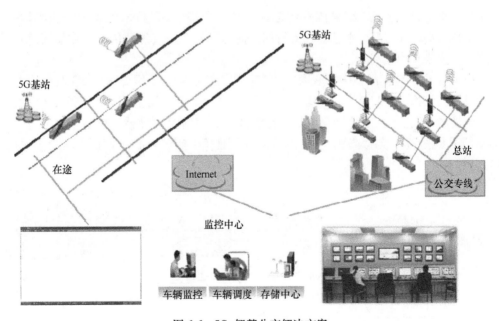

图 6-6 5G+智慧公交解决方案

2019 年 5 月 18 日，河南省政府启动了 5G+示范工程，由宇通客车打造的"智慧岛 5G 智能公交"项目正式落地。在中国移动 5G 网络的加持下，已具备智能交互、自主巡航、车路协同等功能的 L4 级宇通自动驾驶公交车开始落地试运行。在公交站台，宇通自动驾驶巴士能够准确地停靠在站台旁边；当路上有行人横穿马路时，也能及时做出反应；当车上的温度过高时，通过语音操控就可以调低车内的空调温度；甚至还能智能调度车辆，当检测到站台等待的乘客比较多时，就会自动加派车辆；在车辆前方有信号灯时，车上显示屏会显示信号灯变灯时间，车辆在计算完距离、时间后自动降低了车速，在红灯亮起的时候精准的在停车线前刹车等待。此外，宇通自动驾驶巴士还可以根据不同的行驶场景完成自动驾驶，如巡线行驶、自主避障、路口同行、车路协同、自主换道、精准进站等。

6.2.2　文体娱乐

当前，文体娱乐业发展迅猛，激增的数据量以及人民群众对于娱乐需求的多元化，都对通信网络承载能力提出了前所未有的挑战。5G 与超高清视频、VR/AR 等技术的结合，将拓展文娱内容的传播形态，满足高品质视频制播需求，同时促进网上博物馆、云游戏等对渲染、画质和时延要求较高的应用普及。

　　A　视频制播

中央广播电视总台 2020 年春节联欢晚会采用 5G+8K/4K/VR 创新视频制播模式，基于 5G 网络的移动拍摄和景观等机位的 4K 信号均接入春晚的制作系统，为春晚全 4K 智能直播提供强大的支撑，给观众带来全新的收视体验。5G 加速数字化和视频化融合的进程，体育赛事、新闻事件和演唱会等大型活动对于 5G 网络的依赖程度正在不断提升，不仅可以让传统媒体的信息传播途径更加多元化，还能为传统媒体带来更多的应用创新。图 6-7 5G+视频制播解决方案。

中央广播电视总台 5G 新媒体平台是我国第一个基于 5G 技术的国家级新媒体平台，将 5G 与 4K、8K、VR 等技术结合，支持超高清信号的多路直播回传，构建超高清直播节目的多屏、多视角应用场景。

2019 年全国两会期间，中国联通在北京长话大楼建立了"服务两会 5G 新媒体中心"，由 2 个机位的演播室、1 台外场导播车、1 套导播机、1 套非编工作站、1 套录音设备等组成。完成现场录制、通过 5G 网络与外场记者连线、演播室内导播、精编、配音、回传等全部新闻采编过程。支持高清、4K 及 VR 视频的 5G 实时回传，同时 3 路视频的现场制作。

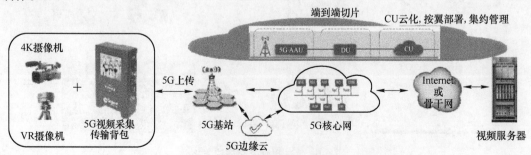

图 6-7　5G+视频制播解决方案

B 智慧文博

2019 年 5 月 17 日，湖北省博物馆联合湖北移动和华为公司等单位共同打造了全国首家"5G 智慧博物馆"正式亮相湖北省博物馆，并于 9 月 5 日，湖北省博物馆推出首个"5G 智慧博物馆"APP。通过 APP 可以使随时随地游览博物馆，该款 APP 改变了传统的文字、图片传播的方式，将曾侯乙编钟、越王勾践剑等一批珍贵文物进行了 3D 仿真，在 APP 上进行了"毫米级"重现，通过视频、语音讲解、3D 文物影像、计算机视觉 AR 技术，为观众呈现了一套丰富的掌上展播。360°线上博物馆消除了空间维度，让观众都能够随时随地、身临其境地体验到实地参观的乐趣，让观众沉浸式感受古老文明的精华，免费享受大带宽、短时延、无限联接的"5G 智慧博物馆"全方位服务体验。图 6-8 为 5G+智慧文博解决方案。

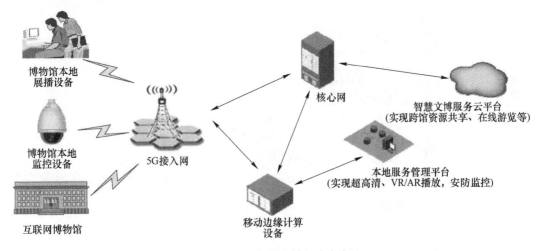

图 6-8 5G+智慧文博解决方案

2019 年，南昌八一起义纪念馆打造了江西省首个"5G+红色旅游示范区"，馆内采用声、光、电同步进行的大型沙盘模型，真实地反映了当年八一起义的战斗过程；运用多媒体影视合成影像，生动地再现了"朱德施计"等红色故事；运用 5G+VR 技术，满足了游客足不出户在线观展的需求，让游客可以在互联网上进行 VR 实景沉浸式直播参观，还在该馆的微信公众号开设了"VR 展示陈列馆"和"爱国主义教育基地"两处数字展馆。制作者对纪念馆部分文物、场景进行了全方位的实景全景拍摄，配以旁白进行解说，同时网友还可以通过在线留言、手动选择以及在线向英雄敬礼、献花等方式实现互动，让游客身临其境地了解八一起义的历史背景、意义，真实感受八一起义的壮美，深刻领悟八一起义的精神和内涵，将文化服务触角延伸到千家万户。

6.2.3 教育行业

2019 年 2 月，国务院印发了《中国教育现代化 2035》，强调了教育信息化在推动教育现代化过程中的地位和作用。教育信息化，要求在教育过程中较全面地运用以计算机、多媒体、大数据、人工智能和网络通信为基础的现代信息技术，促进教育改革，从而适应正在到来的信息化社会提出的新要求，对深化教育改革，实施素质教育，具有重大的意义。

新型教育信息化将不仅涵盖信息环境建设、软硬件支持，更应建设多实践领域、多应用场景、全环节覆盖、全民全域普及的实施路径。5G 与人工智能、VR/AR、超高清视频、云计算、大数据等技术的融合，将为教育变革提供强大动力。

A 智慧教学

教育信息化的核心内容是教学信息化。教学是教育领域的中心工作，教学信息化就是要使教学手段科技化、教育传播信息化、教学方式现代化。在此过程中 5G 可以发挥重要作用，如：在远程教学中通过高清视频技术改善学习体验；在互动教学中通过 VR/AR、全息等技术促进教学效果提升；在实验课堂中通过 MR 等技术模拟实验环境和实验过程打造沉浸式的体验。图 6-9 为 5G+智慧教学解决方案。

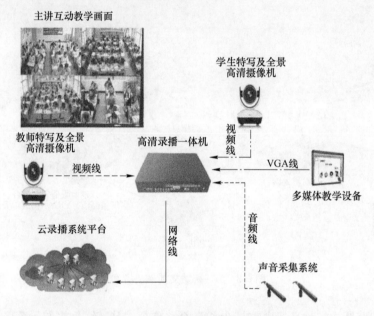

图 6-9　为 5G+智慧教学解决方案

2019 年 3 月 29 日，广东联通联合广东实验中学举行了"5G·我即校园"教育应用落地发布会暨战略签约仪式，在全国首发 5G+智能教育落地应用。在会上发布了包括 5G 直播互动课堂、5G AR/VR 课堂、5G 智慧学习终端等，体现了应用与网络的有机融合。发布会上，首次展示了 5G+互动教学系统和 5G+AR/VR 的教学应用，该校老师为广东实验中学本部和身处分校的同学同时讲解《减数分裂小结》的课程，老师在与本班学生互动的同时，还与分校学生实时交流。老师借助 5G+AR/VR 教学设备，将细胞分裂的过程直观、立体地展现给同学们，让抽象的双螺旋结构不再神秘。高带宽、低时延的 5G 网络让两地师生如同身处同一个教室内，实现了优质教学资源的输送、构建了高效的智慧学习环境，标志着 5G 在教育教学过程中常态化应用的开端。

2019 年 5 月 19 日，苏州大学与苏州电信签约共建 5G 校园，基于 5G 及 VR/AR 技术打造的 360 智慧教室揭牌投入使用。此次揭牌启用的 360 教室打破了传统课堂互动单一的局限性，利用 VR/AR 技术带来的沉浸式、交互式的学习体验，为学生们打造出高度仿真、沉浸式、可交互的虚拟学习场景。来自苏大医学部临床医学专业的同学们结合临床上一名腹痛患者的实际案例，围绕患者病史、急腹症病因及主要鉴别诊断等问题展开探讨。与以往不同的是，教学课程引入了 5G 和 VR 技术，配合华为 CloudLink 和 VR 眼镜，进行手术远程直播教学。同学们在 360 教室能够轻松实现与专家办公室、手术室互联互通，头戴 VR 眼镜和耳机身临其境地体验手术室环境，通过 5G 网络实时观摩医院腹腔镜胆囊切除手术直播，对学习案例过程中的疑问都可以用 5G 网络无缝对接连线专家和手术医生进行视频语音互动交流。通过仿真系统和三维动态视景高度还原真实场景的视觉效果，让同学们仿若置身于手术室实时观看了全程手术，更加直观地进行临床医学知识的学习。

B 智慧校园

校园智慧化可使学校各方面的管理工作更加的精细化、人性化。通过 5G 网络，将 4K 摄像头、传感器等设备采集的校园环境、人群、教学设备等信息传至智慧校园管理平台，利用人工智能、大数据等技术对采集到的信息进行全方位分析，并最终将分析结果投射到具体的学校管理服务工作当中，进一步实现校园智慧化运营管理，图 6-10 为 5G+智慧校园解决方案。

图 6-10 5G+智慧校园解决方案

2019 年，中国移动在北京和深圳两地的清华大学、北京师范大学昌平校区、深圳龙岗区科技城外国语学校全面启动 5G 网络下智慧校园典型场景应用的试点项目。两地三校的 5G 智慧校园应用项目是依托 5G 网络连续广域覆盖、热点高容量、低时延高可靠等特点，针对教学质量提升、资源优质共享、校园智慧管理三大核心问题，推出的 5G 智慧校园综合解决方案，包括 5G 智慧双师课堂、5G 远程全息投影教学、5G 云 AR 沉浸式互动学习、5G 平安校园等场景。5G 平安校园通过建设基于 5G 的平安校园场景，打造校园云端智慧管理大脑，以机器人为载体，实现人员、车辆、设备的实时监控管理与智能分析，通过巡逻监控、视觉识别分析、环境监测图像识别等应用保障校园安全、高效运行。

【知识总结】

5G 不仅是无线通信产业的一次升级换代，更是一次重大的技术变革，与数字化转型技术、人工智能技术一起，成为国民经济转型升级的重要推动力。5G 将为人工智能、物联网、机器人、自动驾驶汽车和智慧医疗工业设备提供网络服务，为整个社会的智能化发展提供优质的网络平台。智能化商业体系将不间断地相互提供海量大数据，上传到云平台，整个城市社会生态，在极少人工干涉下时时刻刻的智能化运行。产生巨大的社会效益和经济效益，推动整个社会飞速发展和升级。

6.3　本章小结

当前 5G 的发展正处在中国各行各业数字化转型的关键时期，各行各业正在从过去的机械化、电力化，走向自动化、数字化、智能化，5G 技术的到来已经成为现代社会发展的重要推动力。本章主要以 5G 在多个行业中的应用为分析对象，分别介绍了 5G 在增强移动宽带 eMBB、海量机器通信 mMTC 以及超高可靠性低时延通信 uRLLC 三大应用场景中的典型业务和业务特征，并选取了交通运输、文体娱乐以及教育等三个不同行业中已经实施和运行的 5G 典型案例，从这些案例中可以看出，5G 已经在各个行业中得以逐步应用，相信在不久的将来，5G 会渗透到我们生活的方方面面。

6.4　思考与练习

A　选择题

（1）5G 极大促进了智慧医疗的发展，以下（　　　）应用场景被称为远程医疗的皇冠？

A. 远程会诊　　　　　　　　　　B. 远程手术

C. 无线监护　　　　　　　　　　D. 患者定位

（2）以下（　　　）医疗应用不是必须采用 5G 支持？

A. 远程机器人内窥镜　　　　　　B. 远程 B 超

C. 患者定位　　　　　　　　　　D. 远程手术

（3）以下智慧医疗应用项目中必须要 5G 网络才能支持的是（　　　）？

A. 患者定位　　　　　　　　　　B. 无线输液

C. 远程机器人手术　　　　　　　D. 无线监护

（4）智慧电网的（　　　）业务场景必须使用独立的 5G 端到端切片？

A. 语音调度（集群调度）　　　　B. 配网保护与控制

C. 智能抄表　　　　　　　　　　D. 移动作业

（5）讲 AR/VR 教学内容传上云端，以下（　　　）描述是错误的？

A. 为了满足业务的低时延需求，建议采用边缘云部署架构

B. 在客户端将 AR/VR 画面和声音高效的编码成音视频流

C. 利用云端的计算能力实现 AR 应用的运行、渲染、展现和控制

D. 对时延要求高的渲染功能部署在靠近用户侧，这样业务数据不用传输到核心网

（6）关于 uRLLC 的描述，以下（　　）是不正确的？

A. uRLLC 业务主要考虑网络时延的要求

B. uRLLC 典型应用场景有：自动驾驶、无人机、远程医疗等

C. uRLLC 业务对时延的要求需达到 10ms 以内

D. 2018 年中 R15 完成 uRLLC 基础版本，2019 年年底 R16 完成完整版本

（7）医疗行业数字化转型中的智慧医院不具备（　　）特点？（多选）

A. 集中化　　　　　B. 远程化　　　　　C. 无线化　　　　　D. 智能化

（8）（　　）属于 uRLLC 业务。

A. 高清视频　　　　B. AR　　　　　　C. VR　　　　　　D. 自动驾驶

（9）远程 B 超诊断项目中对网络带宽需求最高的是（　　）？

A. 超声影像　　　　　　　　　　　B. 操作控制

C. 医患交流　　　　　　　　　　　D. 实时通话

（10）（　　）是工业互联网中利用传感器进行状态监控的网络需求？

A. 大带宽　　　　　B. 低时延　　　　　C. 海量连接　　　　D. 高可靠

（11）5G 中 mMTC 应用场景的最大连接数能实现（　　）？

A. 1 万连接每平方千米　　　　　　B. 100 万连接每平方千米

C. 1000 万连接每平方千米　　　　　D. 10 万连接每平方千米

（12）以下不属于 5G 典型行业应用的是（　　）？

A. 视频直播　　　　　　　　　　　B. 无人机

C. 车联网　　　　　　　　　　　　D. 智能电网

B　判断题

（1）5G 网络的首批应用主要聚焦于 eMBB。　　　　　　　　　　　　　　（　　）

（2）智慧医疗对医患而言更安全、更高效及时、更经济，能解决医护人力短缺问题。

（　　）

（3）5G 的端到端智慧医疗解决方案包括终端设备投入、平台搭建投入、网络建设投入、应用系统投入等几方面投入。　　　　　　　　　　　　　　　　　　　　（　　）

（4）5G 智慧课堂通过硬件终端的 5G 化来实现。所有教学的后台应用都可承载于运营商的 5G 边缘云平台或者学校的 5G 边缘云平台中，提升互动数据采集的高效、稳定、安全。　　　　　　　　　　　　　　　　　　　　　　　　　　　　　　　　　（　　）

（5）5G 时代面临的业务挑战主要有联网设备数量巨大增长、移动网络需要支持快速切换功能、典型业务场景（如自动驾驶）需要超低时延等。　　　　　　　　　　（　　）

C　简答题

（1）国际电信联盟 ITU 确定了未来的 5G 具有的三大应用场景是哪些？

（2）海量物联网通信 mMTC 通信终端有哪些特点？

（3）5G 的主要应用行业有哪些？

（4）请列举一些典型的 5G 应用案例。

（5）未来哪些垂直行业可能使用 5G 网络，哪些业务应用会率先商业化？

（6）对比分析 Cloud VR、自动驾驶、智能监控 3 种业务对网络性能的需求有哪些差异？

实训操作

7 5G 操作维护规范

【背景引入】

目前我国正处于 5G 大规模建设初期，预计到 2025 年，将在全国基本建成 5G 网络全覆盖，届时将需要 5G 基站 500 万~550 万个。5G 基站是 5G 网络的核心设备，提供无线覆盖，实现有线通信网络与无线终端之间的无线信号传输，在各种应用场景中起到关键作用。如何保障 5G 网络的稳定运行以及如何提高 5G 网络的维护效率，是运营商重点关注的问题。为提供 5G 网络运行质量和服务能力，提升用户的感知能力，各大运营商都在制定 5G 操作维护规范，为 5G 工程师提供参考。

本章主要结合当前 5G 基站综合维护的需求，紧扣行业标准及规范，具有较强的实用性及系统性。本章内容结构如图 7-1 所示。

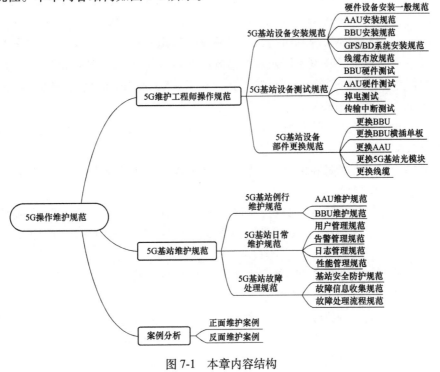

图 7-1　本章内容结构

7.1　5G 维护工程师操作规范

【提出问题】

俗话说，没有规矩不成方圆，为有效保证 5G 网络的稳定运行以及提高工程师对 5G 网络的维护效率，5G 工程师都要遵循相应的操作规范，那你知道 5G 维护工程师有哪些操作规范吗?

【知识解答】

5G 维护工程师主要是负责 5G 基站的技术运营与维护，通过技术手段，解决手机用户上网、玩游戏、看视频等网络问题，为运营商提供技术解决方案。5G 维护工程师的工作主要涉及 5G 基站硬件设备操作和 5G 基站软件系统操作两个部分，其中 5G 基站硬件设备操作规范主要包括了设备安装规范、设备测试规范以及设备部件更换规范，5G 基站软件系统操作规范主要包括基站业务测试规范、基站数据备份规范及基站软件升级规范。

7.1.1　5G 基站设备安装规范

扫一扫查看 5G 维护
工程师操作规范

5G 基站主要具备基带和射频处理两大能力，为用户提供无线覆盖需求，这就决定了 5G 基站的物理结构是由基带模块和射频模块两大部分组成。从设备架构角度划分，5G 基站可分为室内基带处理单元（Building Base band Unite, BBU），有源天线单元（Active Antenna Unit, AAU），集中单元（Centralized Unit, CU）、分布单元（Distributed Unit, DU）、BBU-RRU-Antenna、CU-DU-RRU- Antenna、一体化 gNB 等不同的架构。从设备形态角度划分，5G 基站可分为基带设备、射频设备、一体化 gNB 设备以及其他形态的设备。其中，5G 基带设备又包含了 BBU、CU、DU 不同类型的物理设备，5G 射频设备包含了 AAU 和 RRU 设备，如图 7-2 所示。

●　硬件设备安装一般规范

（1）基站设备安装前，应做好检查及准备工作，并采取必要的安全保障和防护措施，确保设备及人身安全。

（2）基站设备和配套材料的安装位置应符合工程设计要求及验收要求，并应符合设备供应商安装操作手册要求。

（3）基站设备布局应整齐、美观，同类型设备应放置在同一区域，基站设备安装位置应无强电、强磁和强腐蚀等可能对设备造成影响的隐患，防静电措施应符合设备及工程设计要求。

（4）基站设备应按布局合理、有效提高机房使用效率的原则进行排布，同时为后期扩容预留适当的机房空间。

（5）基站设备的各种线缆宜通过走线架、线槽、保护管等进行布放，线缆布放、绑扎时应整齐、规范、美观，保持顺直，不应有交叉和空中走线的现象。

（6）基站设备在室外安装时，应满足当地室外工作的环境要求，并做好抗风、防水、

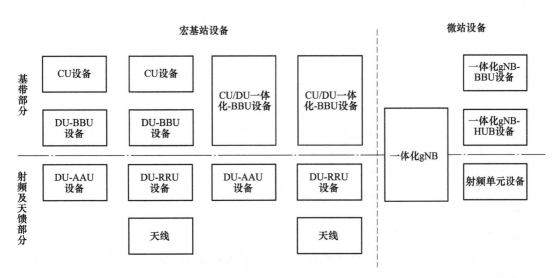

图 7-2   5G 基站硬件设备

防破坏的措施，不宜安装在洼地、易被雨水冲刷的地点，土质松软地点、影响市容地点等处。

（7）基站设备安装应牢固可靠，机架安装后稳固不动。设备机架应垂直安装，垂直偏差应小于±1°。

（8）机架安装钻孔时应采用吸尘器，避免灰尘对设备的影响。

（9）同列机架的设备面板应处于同一平面上，并应保持机柜门开合顺畅。

（10）基站设备与机房内其他设备及墙体之间，应留有足够的维护走道空间和设备散热空间。

• AAU 安装规范（外形图见图 7-3）

（1）AAU 基站安装应遵循"安装准备—抱杆安装/挂墙安装—线缆布放—安装检查—设备加电—完成"的流程规范，提前做好检查及准备工作。

（2）AAU 底部应预留 600mm 布线空间，为方便维护建议底部距地面至少 1200mm。

（3）AAU 顶部应预留 300mm 布线和维护空间。

（4）AAU 左侧应预留 300mm 布线和维护空间。

（5）AAU 右侧应预留 300mm 布线和维护空间。

（6）下倾角需求±20°，子抱杆到美化罩的距离不小于 680mm。

（7）下倾角需求±35°，子抱杆到美化罩的距离不小于 870mm。

（8）美化塔美化罩通透率不小于 60%。

（9）美化罩上下通风不遮挡。

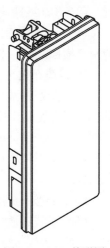

图 7-3   AAU 外形图

（10）美化塔子抱杆与塔身之间距离不小于 175mm。

• BBU 安装规范

（1）BBU 设备在落地式机柜内安装时，机柜内应有足够的空间，并应满足设备的散热需求。

（2）BBU 设备在落地式机柜内安装时，宜采用机柜两侧安装导轨或托板方式对 BBU 进行支撑，BBU 两侧与机柜立柱应通过螺钉进行固定。

（3）BBU 面板应预留至少 100mm 布线空间，单台机柜推荐只安装 1 台 BBU。

（4）BBU 采用 19 英寸标准机柜安装时，优先使用机柜自带托盘，如果没有，则需要使用 5G BBU 悬臂托盘进行辅助安装。

（5）BBU 采用 19 英寸标准机柜安装时，当机柜内需要安装多台 BBU，且安装空间间隔 1U 时，需要使用导风理线架辅助安装。

（6）机柜深度不小于 450mm。

（7）BBU 挂墙安装时，沿墙体走线需要使用走线槽道，走线槽道与设备前面板距离不小于 400mm，方便后期维护。

● GPS/BD 系统安装规范

（1）GPS/BD 天线应安装在较开阔的位置上，保证周围没有高大的遮挡物，天线竖直向上的视角大于 120°。

（2）GPS/BD 天线宜远离其他发射或接收设备，不要安装在微波天线、高压线下方，避免发射天线的辐射方向对准。

（3）馈线铺设完成后应单独测试馈线通道的驻波比和插损。驻波比不应大于 1∶3。

（4）GPS/BD 一定要在避雷针的 45° 防雷保护范围内。

（5）馈线进入馈线窗向需要做回水弯。

（6）两个或者多个 GPS/BD 天线安装时要保持 2m 以上的间距。

（7）GPS/BD 天线与周围尺寸大于 200mm 的金属物距离保持在 2m 以上。

（8）GPS/BD 固定的安装在抱杆上，且天线底部高出抱杆顶部 200mm。

（9）GPS/BD 线路放大器应安装于避雷器与 GPS/BD 天线之间，且相对靠近天线的位置，GPS/BD 线路放大器及其接头处均应进行防水处理。

（10）避雷器安装在 GPS/BD 射频馈线进入馈线窗后 1m 处，避雷器应安装在走线架的两个横档之间，避雷器不能接触走线架，并与走线架绝缘。

● 线缆布放规范

（1）交流进线导线截面宜按远期容量计算，交流出线导线截面应按供电设备的容量计算，直流电源线应按远期负荷确定。

（2）交流线路的电压损失应满足用电设备正常工作及启动时端电压的要求。

（3）电缆应根据敷设方式及环境条件确定导体的载流量，同时应满足热稳定及机械强度的要求。

（4）沿墙布放的线缆应有走线槽或波纹套管保护。

（5）线缆布放应整齐、美观，拐弯均匀、圆滑一致，避免交叉纠缠。线缆余留长度应统一，两端应有标签标识，同时预留设备扩容的布线位置。

（6）线缆插接位置正确，接触应紧密、牢靠，电气性能良好，插接端子应完好无损。贯穿楼板或墙洞的地方，应用防火材料封堵洞口。

（7）接地两端的连接点应确保电气接触良好，并作防腐处理。保护地线与交流中性线应分开敷设，不能合用。

（8）信号线布放时架间电缆应沿走线架或走线槽布放，并与电源线应分开布放和绑扎，进入设备后作适当绑扎。如果是布放光缆尾纤，应做好尾纤头及尾纤的保护，无死弯、绷直现象。盘留的尾纤要顺序整齐，曲率半径要符合要求，捆绑力量要适中。光缆缠绕的最小半径应符合光缆技术要求，接头应保持清洁。

（9）电源线保护层应完好无损，芯线对地或金属隔离层的绝缘，电阻应符合国家相关技术要求。电源线布放应平直并拢、整齐，不得有急剧弯曲和凹凸不平现象；在走线架上布放电源线的绑扎间隔应符合设计规定，绑扎线扣整齐、松紧合适。绑扎电源线时不得损伤保护层。

（10）接地线布放时接地两端的连接点应确保电气接触良好，并作防腐处理。保护地线与交流中性线应分开敷设，不能合用。

7.1.2　5G 基站设备测试规范

● BBU 硬件测试

（1）测试前应保证基站各单板指示灯处于正常状态，网管可以正常接入。

（2）应选择在刚开通的时候测试，或者在话务偏低的时段测试。在测试过程中插拔单板时要佩戴防静电手环。

（3）测试过程中应检查基站 BBU 机架的单板配置是否齐备，是否符合规划要求，检查各单板的槽位是否插的正确，规划是否符合要求，是否固定到位。

（4）需要检查的单板要包括交换板和基带板。

（5）上电启动正常后需要检查 BBU 机架上各单板指示灯的状态是否正常。

● AAU 硬件测试

（1）测试前应保证基站 BBU 各单板指示灯处于正常状态，网管可以正常接入，BBU-AAU 接口光纤通信正常，且 BBU 和 AAU 已经完成数据配置。

（2）应选择在刚开通的时候测试，或者在话务偏低的时段测试。

（3）检查 AAU 与基带板光口的连接关系是否正确，当 AAU 上电启动后，在 LMT 或者网管上查看 AAU 是否进入工作状态，是否有告警。

（4）AAU 上电启动后，应检查 AAU 与基带板光口的连接关系与实际拓扑配置是否相符且收发连接正常。

● 掉电测试

（1）测试前应确保基站各单板指示灯状态正常，网管已经正确安装并能正常连接基站。

（2）应选择在刚开通的时候测试，或者在话务偏低的时段测试。

（3）关电前后要检查电源指示灯的亮灯情况。

（4）应手动对基站系统进行下电操作，下电后业务挂断要检查资源是否正常释放，各指示灯是否常灭。

（5）应测试重新上电后，基站与网管通信是否恢复正常，基站是否可以远程控制，各单板指示灯状态是否正常，是否可以接入并进行业务测试。

● 传输中断测试

（1）测试前应确保基站各单板指示灯状态正常、基站传输正常、网管链路正常、核心网管链路正常以及业务正常等。

（2）测试过程中应断开基站的光口传输，观察传输接口指示灯状态。

（3）测试过程中在恢复传输时应等待一段时间后，观察交换板上的指示灯状态。

7.1.3 5G 基站设备部件更换规范

● 更换 BBU

（1）为避免静电危害，在更换 BBU 前要正确佩戴防静电手环。

（2）更换前必须断开直流电源分配模块上为 BBU 供电的电源开关，保证安装操作。

（3）更换 BBU 前要拆除 BBU 端光纤、电源线、GPS/BD 以及接地线缆。

（4）新的 BBU 需要插入原 BBU 机柜插槽单元中，并固定 BBU，然后需要按原来的线缆标签说明重新安装 BBU 插箱上的所有线缆。

（5）线缆安装完成后，需要检查电源线、接地线、光纤、GPS/BD 的连接，在确认所有线缆全部安装正确后，闭合 BBU 供电电源开关。

（6）更换下来的 BBU 插箱放入防静电袋中并粘贴标签，标明具体型号及更换详细原因，存放在纸箱中，纸箱外面也应该粘贴相应标签，以便日后辨认或故障定位处理。

● 更换 BBU 横插单板

（1）更换过程中要全程佩戴防静电手环或防静电手套。

（2）更换前应检查新单板，确保新单板与故障/更换单板型号一致。

（3）更换独立工作的单板将导致该单板支持的业务中断。

（4）更换单板的过程中，如果需要拔插光纤，注意保护光纤接头，避免弄脏。

（5）插入单板时，注意沿槽位插紧，若单板未插紧可能导致设备运行时产生电气干扰或对单板造成损害。

（6）在拔插光纤的过程中注意标识收发线缆，避免再次插入时插反收发线缆。

● 更换 AAU

（1）更换前应确认更换 AAU 的硬件配置类型，应准备好新的 AAU，其规格与待更换 AAU 的规格一致。

（2）更换过程中应记录好待更换设备上的电缆位置和连接顺序，待设备更换完毕后，电缆要插回原位。

（3）如果环境温度超过 40℃时应禁止高温操作运行中的设备。如果需要进行维护操作时应先断电冷却，以免烫伤。

（4）更换前应通知后台网管侧管理员将要进行 AAU 整机更换，请后台网管管理员执行该站点小区的闭塞或去激活操作，停止该扇区的业务服务。

（5）更换前应将需更换 AAU 设备下电。更换过程中应佩戴防静电手环，确保防静电手环可靠接地。

（6）应从待更换 AAU 设备上拆下所有相关线缆，线缆端口一一做好标记并进行标签粘贴。

（7）拆卸更换 AAU 设备。在拆卸吊装过程中，超载或吊装设备使用不当可能导致现场人员被掉落的设备砸伤，造成严重人身伤害和安全事故，需严格遵守安全操作施工规范。

- 更换 5G 基站光模块

（1）更换过程中要全程佩戴防静电手环或防静电手套。

（2）更换前应检查新光模块，确保新单板与故障/更换光模块型号一致。

（3）更换过程中如果需要拔插光纤，应在光纤接头处盖上保护帽，避免污染和损坏光纤接头。

（4）更换下来的光模块放入防静电袋中，并粘贴标签，注明型号及故障/更换信息，并存放在纸箱中；纸箱外面也应粘贴相应标签，方便识别或故障定位处理。

- 更换线缆

（1）更换过程中要全程佩戴防静电手环或防静电手套。

（2）检查新线缆，确保新的电源线缆和受损线缆型号一致，且长度相同。

（3）更换过程应按照原来的接线方式重新接线，更换后的线缆需要重新粘贴线缆标签并绑扎线缆。

（4）更换的线缆如果是光纤，在操作过程中，不要损坏光纤的保护层，并注意保护光纤接头，避免弄脏或损坏。

（5）在拆除受损光纤和绑扎新光纤时，不可用力强拉。新光纤转折处必须弯成弧形。

（6）更换光纤过程中切勿裸眼靠近或直视光纤连接器端面，以免损伤视力。

（7）将更换下来的电源线缆放入防静电袋中，并粘贴标签，注明型号及更换/故障信息，并存放在纸箱中；纸箱外面也应该有相应标签粘贴，方便识别或故障定位处理。

【知识总结】

5G 基站设备的安装、测试与部件的更换涉及很多的环节，任何一个环节都要遵循相应的规范。按操作规范执行既是确保基站设备功能正常，提高设备的使用寿命，同时也是对操作工程师的安全起到了一定的保障作用。

7.2　5G 基站维护规范

【提出问题】

为确保 5G 基站的正常工作，需要定期对基站进行维护，以防止出现重大的故障，那你知道 5G 基站维护的步骤、流程和注意事项吗？在 5G 网络的运营过程中，如果基站端出现了故障，你知道该如何解决吗？

【知识解答】

5G 基站例行维护主要是定期对 AAU 和 BBU 等基站设备进行检查，消除隐患故障或者防止重大故障的发生，对于确保 5G 基站的正常工作起到了至关重要的作用。5G 基站日常维护主要是通过 5G 网管完成，确保用户能享受到高质量的网络服务，提升用户的使用体验。5G 基站故障处理规范有助于快速排除和处理故障，迅速恢复网络，提升基站维护效率。

7.2.1　5G基站例行维护规范

扫一扫查看
5G基站维护规范

● AAU维护规范

（1）AAU例行维护时应检查设备AAU外表，查看设备外表是否光洁、是否氧化、是否异物附着，散热齿是否破损。

（2）AAU例行维护时应检查设备抱杆件固定点所有螺钉是否紧固，刻度盘螺栓是否紧固。

（3）AAU例行维护时应检查设备的水平和垂直角度是否符合规划角度要求。

（4）AAU例行维护时应检查所有线缆有无破损和断裂，检查电源线缆时应检查电源线缆是否紧固，有无破损；检查地线缆时应查看连接是否紧固，连接处是否氧化或锈蚀；检查光纤时，应查看光纤连接是否紧固。

（5）AAU例行维护时需要用温度计测量环境温度，查看设备运行是否符合温度规范要求。

（6）AAU例行维护时需要用湿度计测量环境湿度，查看设备运行是否符合湿度规范要求。

（7）AAU例行维护时需要测量AAU的工作电压和电流是否满足设备运行要求。

（8）AAU例行维护时需要检查AAU设备各指示灯及相应的状态是否正常。

● BBU维护规范

（1）BBU例行维护时应检查设备的外表，查看设备外表是否光洁、是否氧化、是否异物附着，散热齿是否破损。

（2）BBU例行维护时应检查设备连接点安装是否牢固，线缆连接是否存在破损情况，连接是否紧固；接地是否牢固可靠，是否存在氧化腐蚀的情况。

（3）BBU例行维护时应检查外部供电是否满足设备运行要求，单板是否运转正常。

（4）BBU例行维护时应检查接地和防雷情况，尤其是在雷雨季节来临前和雷雨后，要检查防雷系统，确保设施完好。

（5）BBU设备不同，例行维护周期也不一样。通常情况下，设备外表、设备连接点、线缆连接、单板等设备例行维护周期为一周；温湿度检查、接地系统以及外部供电系统检例行维护周期一般为一个月，例行维护时应如实填写好例行维护记录表。

（6）BBU设备维护时应查看机柜左右通风口300mm内有无遮挡，散热是否符合要求，通风和设备正常工作是否符合要求。

（7）BBU单板维护时，应检查所有的指示灯是否正常，如果存在异常应及时联系网管工作人员，根据相应的告警建议进行处理。如果单板存在硬件故障问题，应立即更换同型号的单板，并做好维护记录。

7.2.2　5G基站日常维护规范

● 用户管理规范

（1）为防止非法用户登录系统需要设置用户连续授权失败次数，例如如果授权失败5次，系统将禁止此用户登录。

（2）用户登录系统密码至少应包含六个字符。密码至少应包括以下四类字符中的三种：数字、小写字母、大写字母和其他字符。

（3）用户首次登录时，应强制更改首次登录密码或定期更改密码。可以存储用过的密码，以确保用户不再使用旧密码。

（4）为防止非法操作，确保系统安全，超级管理员可以强制断开登录用户的连接。

（5）为了规范和控制管理员的登录范围，允许为超级管理员设置特定的登录 IP 地址范围，超级管理员只能登录到此范围内的 IP 地址，即使用户名和密码都正确，也不能登录到该范围以外的任何 IP 地址。

（6）为有助于超级管理员统一管理初始用户密码，超级管理员可以修改除管理员以外的任何用户的密码，可以将所有用户的密码修改为统一密码。

（7）为防止用户操作非法终端，允许终端接口在一段时间内没有任何操作时，则该终端被自动锁定，用户必须重新登录。

（8）为防止未经授权的用户误操作或对关键数据进行恶意破坏，网管可对系统用户进行授权和认证。该系统为不同用户分配不同的操作权限和访问资源。

（9）在网管系统中，只有获得授权的操作员才能通网管系统配置和管理基站。操作员可以在网管上完成基站的所有操作，包括配置、版本管理、诊断、告警统计、KPI 统计等。

● 告警管理规范

（1）为帮助于运维人员快速地发现网络问题和定位故障，应将告警属性设置成告警码、告警名称、告警级别和告警类型。

（2）一个告警要对应一个告警码，用于区分不同的告警。

（3）告警名称应该要能简洁直观地反映故障原因、现象等，方便维护人员快速和查询故障。

（4）告警级别可以根据严重程度分为严重、主要、次要、警告等 4 个级别。严重级别对应的告警造成整个系统无法运行或无法提供业务，需要立即采取措施恢复和消除；主要级别对应的告警造成系统运行受到重大影响或者系统提供服务的能力严重下降，需要尽快采取措施恢复和消除；次要级别对应的告警是系统正常运行和系统提供服务的能力造成不严重的影响，需要及时采取措施恢复和消除，以避免产生更加严重的告警；警告级别对应的告警对系统正常运行和系统提供服务的能力造成潜在的或者趋势性的影响，需要适时进行诊断并采取措施恢复和消除，以避免产生更加严重的告警。

（5）了解告警的触发条件，及时获得排除故障的方式和预防措施，以使系统尽快恢复正常，应罗列出可能产生该告警的各种原因。

● 日志管理规范

（1）为规范网络管理人员日常维护操作，有效记录网络管理人员维护操作、系统运行、安全相关历史操作的功能单元，日志分为操作日志、系统日志、安全日志。

（2）在接口上发起的用户操作的日志，例如增加、删除网元，或修改网元参数。通过一些接入模式如客户端进行的操作都应在操作日志中记录下来。

（3）服务器后台进行的一些操作应在系统日志中记录下来，如性能数据定时采集和定时备份任务，在网元上报性能数据的时候如果有通知发给 UME，数据就可以上报，UME

则记录系统日志。

（4）记录用户的登录信息，如登录成功、失败和失败原因等应在操作日志中记录下来。

（5）安全日志不需要记录两个时间点，仅记录一个操作时间。

（6）基站对每条日志根据严重程度定义安全级别，以便支持过滤器功能，只有设定级别的日志才会发送到日志服务器。

- 性能管理规范

（1）性能管理应包括对网络的性能监视和分析，了解网络的运行情况，为操作人员和管理部门提供详细信息，指导网络规划和调整，改善网络运行的质量。维护人员可以根据性能管理中的性能数据来判定是否需要对基站进行相关的维护工作。

（2）性能测量指标应包括性能计数器、关键性能指标以及普通性能指标三大类。

（3）通过计数方式反应网元某种指标，如呼叫成功次数。

（4）评估网络性能和稳定性的关键性能指标，通过计数器计算得到。

7.2.3　5G 基站故障处理规范

A　基站安全防护规范

（1）检查机房门窗是否安全、牢固。机房的温湿度是否正常，环境是否清洁干净，防尘防潮是否达标，是否鼠虫进入机房。

（2）查看机房的灾害隐患防护设施、灭火器材和防毒面具是否正常有效。

（3）检查机房照明应是否达到维护的要求，是否存在照明死角，是否存在防维护带来不便的地方。

（4）检查天面、馈线孔等防水处理情况，如有渗水应及时处理。

（5）涉及电源部分的检查、调整，必须由专业人员进行，否则容易导致人员伤亡和设备故障。

（6）检查是否建立完善的维护制度，是否对维护人员的日常工作进行规范。是否有详细的值班日志，是否对系统的日常运行情况、版本情况、数据变更情况、升级情况和问题处理情况等做好详细的记录。

- 故障信息收集规范

（1）应观察具体的故障现象，为维护人员提供尽可能多的故障信息。

（2）应观察和记录故障发生的时间、地点和频率。

（3）应记录好故障的范围、影响。

（4）应记录好故障发生前设备运行情况。应收集故障发生前对设备进行了哪些操作、操作的结果是什么。

（5）应收集故障发生后采取了什么措施、结果是什么。应收集故障发生时设备是否有告警、告警的相关/伴随告警是什么。

（6）应收集故障发生时是否有单板指示灯异常。应收集故障发生前是否有重大活动，如集会等大业务流量的变化。

（7）应收集故障发生前是否有天气等可能影响设备功能的自然环境变化。

（8）可以通过询问申告故障的用户或者现场工程人员，了解具体的故障现象、故障发生的时间、地点、频率。

（9）可以通过询问设备操作人员，了解设备日常运行状况、故障现象、故障发生前的操作以及操作的结果、故障发生后采取的措施及效果。

（10）可以通过业务演示、性能测量、接口/信令跟踪等方式了解故障发生的影响范围。

● 故障处理流程规范

（1）故障处理遵循"备份数据—故障信息收集—确定故障范围和类别—定位故障原因—排除故障—确认故障是否排除—联系技术支持"的流程规范。

（2）为确保数据安全，在故障处理的过程中，应首先保存现场数据，需备份的数据包括配置数据、告警信息、日志文件等。

（3）故障信息是故障处理的重要依据，任何一个故障处理过程都是从维护人员获得故障信息开始，维护人员应尽量收集需要的故障信息。

（4）根据故障现象，确定故障的范围和种类。

（5）根据故障现象结合故障信息，从众多可能原因中找出故障原因。确定故障原因后，采取适当的措施或步骤排除故障。

（6）故障排除后需要进行检测，确保故障真正被排除。

（7）故障排除后需进行备案，记录故障处理过程及处理要点。

（8）故障排除后需要进行总结，整理此类故障的防范和改进措施，避免再次发生同类故障。

（9）在执行故障排除步骤后，还需要验证故障是否已被排除。如果故障被排除，故障处理结束。如果故障未排除，返回到确定是否可以判断为另一个故障范围和类别。

（10）如果无法确定故障的范围和种类或者无法排除故障，需要上升处理即联系设备商技术支持。

【知识总结】

5G 基站日常操作与维护和例行维护是两个维度的概念，从维护方式上来说，例行维护是通过维护人员定期对基站现场的相关部分进行维护，而本章节的基站日常操作与维护是通过网管来实现；从周期上来说，例行维护有周、月度、季度等，而日常操作与维护是每天都需要由维护人员进行操作的。

7.3 案例分析

【提出问题】

5G 设备安装、测试与部件更换规范对于规范 5G 维护工程师的操作至关重要，5G 例行维护和日常维护能有效保证基站的正常运行，以防止出现重大的故障。现实生活中都会遇到网络故障的案例，那你知道有哪些案例是因为没有按操作规范执行所造成的吗？又有哪些案例正是由于按照规范采用了正确的措施才避免了重大故障的发生？

【知识解答】

扫一扫查看 5G
操作规范案例分析

　　当基站出现故障时，一定要全面查清现场的具体情况，不要放过任何的细节，这样有利于快速定位和解决故障。在解决故障的过程中一定要遵循工程师维护规范，一来有助于快速解决故障，尽量减小故障带来的不利局面；二来可以避免因操作不当导致更大故障的产生。本节将从正反两个角度分析两个案例，以说明遵行操作规范的重要性。

7.3.1　正面维护案例

　　2018 年，某公司维护工程师在对×××学院×××校区新食堂基站建设时发现如下情况：各项目工程施工人员施工缓慢（无线设备安装耗时 6 个工作日，电力引入耗时 4 个工作日）；设备安装、传输接入段工程建设质量较差；基站建设开通后，未及时做好单站验收移交工作；基站相关工序建设完成后，计划管理系统录入未能跟上实际工程进度一致；施工单位上交痕迹管理照片部分不符合要求，部分照片不清晰，未对关键施工艺进行信息采集，拍摄角度不合理，提交照片不齐全；后期收尾工作迟迟未落到实处。

　　针对一系列问题，维护工程师进行了深入分析，认为存在以下几点原因：

　　（1）市电接入工程前期协调工作不到位，以至于计划 2 天完成的工程量耗时 4 天，因而影响了无线设备室外部分及远端设备的安装工作。

　　（2）工程施工人员综合素质较差，据了解工艺熟练的施工人员仅有 1~2 个，其余多为新手，因此既影响了工程进度，又无法保障工程质量。

　　（3）传输设计单位设计方案错误大。当基站建设完成后，准备开站时，跳纤时才发现原有设计所有纤芯资源均被占用，在该情况下设计单位重新对光纤路由、资料进行勘查，重出设计方案，最终又新增一段传输光缆，致使基站开通延期两天。

　　（4）计划管理系统录入未能跟上实际工程进度，其根本原因是各县公司相关人员未及时将施工完成的项目录入计划管理系统中。

　　（5）资源管理系统中基站入网相关流程涉及部门多，有些部门未能及时处理工单，致使流程一直停留在某个环节。

　　（6）痕迹照片不符合要求主要因为施工人员不会对关键点进行信息采集：不知道哪些为关键点、不清楚哪些工序需要采集信息，有的不太熟悉相机的使用以至于拍摄的照片模糊不清。

　　针对这些问题，维护工程师采取了如下对策：

　　（1）在对各专业信息收集时，不仅仅从施工单位负责处收集进度，同时也从施工人员收集信息。按建设要求及建设规范、施工工艺对新手进行组织培训，让其尽快成长，以此保障工程质量及工程进度。

　　（2）设计单位认真负责地做好设计方案，确保设计方案的合理性、可实施性，以避免耽误工期。针对未及时录入计划管理系统中的站点，及时提醒各县（市）公司完成录入工作，从而保障了计划管理系统中的工程进度与实际工程进度一致。

　　（3）针对资源管理系统的录入工作，基站无线设备安装完成后，设计单位及时对基站发起入网流程，工单派发到下个部门后及时对工单进行回复，各部门间互相提醒、做好沟通工作，以保障开通的基站能够及时入网。

（4）基站建设开通后，及时填制单站资产清单，编制单站竣工资料、单站现场资料及相关痕迹照片，以备单站验收移交工作之需，并及时对具备交维的站点做出移交。

按对策实施后，工程质量得到了保障，建设完成的基站及时做好验收交维工作，验收通过率达到了预期目标，真正做到了一次验收通过，并及时完成计划管理系统、资源管理系统录入工作。

7.3.2　反面维护案例

2017 年 9 月 8 日，在广西出现了重大通信事故，涉及钦州、北海、防城港、桂林、梧州、贺州等地近 80 万名移动用户打不了电话了，所以很多用户反馈"打电话时说是空号"。事故发生后，某运营商公司发布声明承认故障影响，并在全国范围内展开系统大排查，主要针对某通信公司生产的第三方运维隐患问题。

通过时候的调查发现，在当天上午广西南宁 HSS09 扩容割接完成后，经拨测发现部分用户号码无法做主被叫，数据业务无法使用。初步判断为工程割接人为误操作，导致用户数据丢失。实施人员出现的误操作为将 NNHSS09BE01/NNHSS09BE02 互为灾备的各 1 对 DSU 单板格式化（该 HSS 共 8 对 DUS 单板）。实施工程割接的工程师在按照既定方案对主用户数据库 BE 的 PID3 单板（用户数据磁阵单板）进行格式化后，原本应针对一对新扩的 USPGW 单板（业务发放网关处理板）执行操作，但错误格式化一对 USDSU（共 4 对，用于存储数据，含签约和鉴权），并且在对主用户 BE 数据库实施上述错误后，对于备用 BE 数据库实施了同样的错误操作，导致该套单板上用户数据被彻底删除，以至于出现"打电话时说是空号"的情况。

经过事后的调查分析认为，该公司工程师在高危操作时并未按既定的方案执行，执行格式化操作时输入错误指令，误格式化现网 DSU 单板，导致用户数据丢失。此外施工人员存在资质不足，验证环节缺失、上报流程不通畅等诸多问题。事故发生后，该公司工程师只将问题升级到中国地区技术支持中心，对问题的严重程度判断不足，未能第一时间上报集团领导，这一系列违反规范的神操作，进一步导致了事情的严重性。

【知识总结】

5G 基站设备安装的正确与否直接决定着网络整体性能的好坏，5G 基站设备的测试和更换是网络施工质量的保证，5G 基站的维护是网络正常运行的有力保障，学习和掌握 5G 操作维护规范，对于项目施工具有重要意义。

7.4　本　章　小　结

操作维护规范是一线工程师必须掌握的知识，但是由于安全意识不够，以及一味追求技术，导致很多通信工程师会忽略操作维护规范这部分的内容。但根据很多重要的基站故障来看，因操作维护不规范导致的故障不在少数，而且带来的损失也是巨大的，也有可能通信工程师的技术非常强，但是就是因为操作规范的失误，往往导致通信工程师职业生涯的结束。5G 基站操作维护规范是通信工程师必须掌握的基础知识，配合过硬的技术，才能保质保量地完成 5G 基站开站工作。

7.5　思考与练习

A　选择题

（1）5G 基站中的告警不包括（　　）。

A. 故障告警　　　　　　　　　　　B. 紧急告警

C. 事件告警　　　　　　　　　　　D. 工程告警

（2）BBU 挂墙安装时，沿墙体走线需要使用走线槽道，走线槽道与设备前面板距离不小于（　　），方便后期维护。

A. 400mm　　　　B. 900mm　　　　C. 300mm　　　　D. 600mm

（3）两个或者多个 GPS/BD 天线安装时要保持（　　）以上的间距。

A. 4m　　　　　B. 2m　　　　　C. 3m　　　　　D. 6m

（4）机房运行环境对设备影响很大，以下（　　）可以作为机房选择。

A. 高温　　　　B. 通风　　　　C. 低压　　　　D. 易爆

（5）在 BBU 光纤更换过程中，说法错误的是（　　）。

A. 保护光纤接头，避免弄脏或损坏

B. 光纤不可用力强拉

C. 新光纤转折处必须弯成弧形

D. 更换时间不受限制

（6）在设备日常维护中，注意事项说法不正确的是（　　）。

A. 在雷雨天气应检查防雷系统

B. 建立完善的维护制度

C. 保证常用备品备件的库存和完好性

D. 无法处理的问题应及时与相关人员联系

（7）线缆检查中说法错误的是（　　）。

A. 电源线缆应无破损且连接紧固

B. 接地点连接处应无氧化或锈蚀

C. 光纤连接紧固

D. 接地线越长越好

（8）关于 BBU 例行维护时，下列说法中不正确的是（　　）。

A. BBU 例行维护时应检查设备的外表，查看设备外表是否光洁、是否氧化、是否异物附着，散热齿是否破损

B. BBU 例行维护时应检查设备连接点安装是否牢固，线缆连接是否存在破损情况，连接是否紧固；接地是否牢固可靠，是否存在氧化腐蚀的情况

C. BBU 例行维护时应可以不用检查外部供电是否满足设备运行要求，单板是否运转正常

D. BBU 例行维护时应检查接地和防雷情况，尤其是在雷雨季节来临前和雷雨后，要检查防雷系统，确保设施完好

B 判断题

（1）更换的线缆如果是光纤，在操作过程中，不要损坏光纤的保护层，并注意保护光纤接头，避免弄脏或损坏。　　　　　　　　　　　　　　　　　　　（　）

（2）BBU 设备维护时应查看机柜左右通风口 500mm 内有无遮挡，散热是否符合要求，通风和设备正常工作是否符合要求。　　　　　　　　　　　　　　　（　）

（3）GPS/BD 天线应安装在较开阔的位置上，保证周围没有高大的遮挡物，天线竖直向上的视角大于 120°。　　　　　　　　　　　　　　　　　　　　　　（　）

（4）测试 BBU 硬件设备时应选择在刚开通的时候测试，或者在话务偏低的时段测试。在测试过程中插拔单板时要佩戴防静电手环。　　　　　　　　　　　　　（　）

（5）AAU 底部应预留 600mm 布线空间，为方便维护建议底部距地面至少 1500mm。

　　　　　　　　　　　　　　　　　　　　　　　　　　　　　　　　　（　）

（6）BBU 采用 19 英寸标准机柜安装时，优先使用机柜自带托盘，如果没有，则需要使用 5G BBU 悬臂托盘进行辅助安装。　　　　　　　　　　　　　　（　）

（7）BBU 面板应预留至少 200mm 布线空间，单台机柜推荐只安装 1 台 BBU。（　）

C 简答题

（1）简述掉电测试规范。

（2）简述更换 5G AAU 的规范。

8 5G 基站原理及网络架构

【背景引入】

gNodeB 是面向 5G 演进的新一代基站，基站作为 5G 网络的一个重要组成部分，实现了 5G 网络的高带宽、低时延、大连接。5G 网络多样化的业务，对基站提出新的要求。5G 基站前传带宽高达数百 Gbit/s 至 Tbit/s，传统 BBU 与 RRU 间的 CPRI 光线接口压力太大，需将部分功能分离，以减少前传带宽。多样化的业务，低时延应用需更加靠近用户，超大规模物联网应用需高效的处理能力，5G 基站需要具备更为灵活的扩展功能。因此，5G 基站原理与现存的 4G 基站既有相似之处，也存在着一些显著的差异。5G 基站的部署并不是简单新建一张网的事，需要考虑如何和现有 4G 网络共存，共同发挥作用，确保利益最大化。

本章主要介绍当前 5G 基站原理、5G 基站典型硬件产品以及 5G 网络部署方案等内容结构如图 8-1 所示。

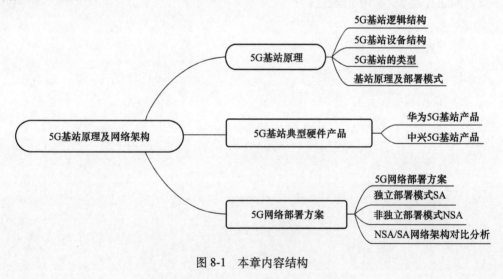

图 8-1 本章内容结构

8.1 5G 基站原理

【提出问题】

为贯彻落实国家网络强国战略部署，推动我国数字化建设，三大运营商正在全国各地全力进行 5G 基站建设与部署，截至 2020 年年底，全国 5G 基站数已经超过 60 万个，实现地级市室外连续覆盖、县城及乡镇重点覆盖、重点场景室内覆盖。5G 基站离我们身边越来越近，那你是否知道 5G 基站结构和原理？

【知识解答】

3GPP R15 标准已经定义了 5G 无线网络的整体架构，如图 8-2 所示，5G 无线接入网（NG-RAN）由多个 5G 基站（gNB）组成。gNB 向 UE 提供 NR 空口协议的终结，并通过 NG 接口连接到 AMF/UPF 等 5G 核心网（5GC）网元，gNB 之间通过 Xn 接口实现相互连接。5G 基站是 5G 网络的核心设备，提供无线覆盖，实现有线通信网络与无线终端之间的无线信号传输。基站的架构、形态直接影响 5G 网络如何部署。宏基站主要用于室外广覆盖场景，一般设备容量大，发射功率高；微站设备主要用于室内场景、室外覆盖盲区或室外热点等区域，设备容量较小，发射功率相对较低。

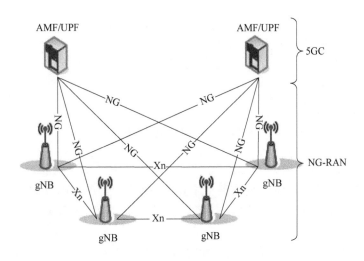

图 8-2　5G 网络整体架构

在现实情况中为了满足 5G 网络技术、eMBB、mMTC、uRLLC 等多样化的应用场景及超大的前传带宽需求，以及 5G 网络的灵活适应能力的要求等，5G 通信基站也需要具备更强大的硬件处理能力。因此，需要 5G 基站在功能上进行切分，5G 基站在结构上进行了重构。根据 5G 基站功能处理内容的实时性不同，基于云化、控制面集中、为多业务提供灵活的扩展能力、为 mMTC 提供高效的处理能力、满足 uRLLC 业务需求等特性，3GPP 对 5G 基站功能进行切分，将 5G 基站重构为 CU（Centralized Unit）和 DU（Distributed Unit）两个功能实体。CU 主要负责非实时无线高层协议栈功能，并支持部分核心网功能下沉和边缘应用业务功能，架构向基于 IT 平台的云化方向演进；DU 主要负责物理层功能和实时性业务需求的功能，架构向专用或基于 IT 平台演进。

8.1.1　5G 基站逻辑结构

5G 基站主要用于提供 5G 空口协议功能，支持与 UE、核心网之间的通信，要完成与终端、核心网之间的全部通信功能。5G 基站设备可以按照专用硬件平台和通用硬件平台分为两大类。专用硬件平台经过多年发展，基站设计方案比较成熟。5G 基站设备主要采用专用硬件平台，通过定制化芯片、器件、配套软件等实现方案，可以高效地实现 3GPP

标准相关协议的功能。基于通用硬件平台（例如 X86 平台）也可以实现某些协议功能，例如 RRC、SDAP 和 PDCP 等协议功能。按照逻辑功能划分，5G 基站可分为 5G 基带单元与 5G 射频单元，二者之间可通过 CPRI 或 eCPRI 接口连接，如图 8-3 所示。

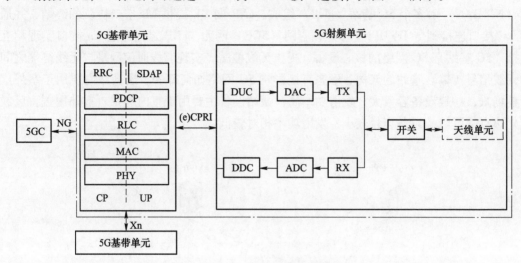

图 8-3　5G 基站逻辑架构

5G 基带单元负责 NR 基带协议处理，完成 5G PHY 层（部分功能）、MAC 层、RLC 层等协议基本功能以及接口功能，包括整个用户面（UP）及控制面（CP）协议处理功能，并提供与核心网之间的回传接口（NG 接口）、基带模块与射频模块之间前传接口、时钟同步等物理接口。

5G 射频单元主要完成数字信号与射频模拟信号之间转换，以及射频信号的收发处理功能，同时还需要支持上移到射频模块中的部分物理层功能。NR 基带信号与射频信号的转换及 NR 射频信号的收发处理功能。在下行方向，接收从 5G 基带单元传来的基带信号，经过上变频、数模转换以及射频调制、滤波、信号放大等发射链路（TX）处理后，经由开关、天线单元发射出去。在上行方向，5G 射频单元通过天线单元接收上行射频信号，经过低噪放、滤波、解调等接收链路（RX）处理后，再进行模数转换、下变频，转换为基带信号并发送给 5G 基带单元。

8.1.2　5G 基站设备结构

扫一扫查看
5G 基站设备结构

为了支持灵活的组网架构，适配不同的应用场景，5G 无线接入网将存在多种不同架构、不同形态的基站设备。从设备架构角度划分，5G 基站可分为 BBU-AAU、CU-DU-AAU、BBU-RRU-Antenna、CU-DU-RRU- Antenna、一体化 gNB 等不同的架构，如图 8-4 所示。

BBU-AAU 架构中，基带单元映射为单独的一个物理设备 BBU，AAU 集成了射频单元与天线单元，若采用 eCPRI 接口，AAU 内部还包含部分物理层底层处理功能。CU-DU-AAU 架构中，基带功能分布到 CU、DU 两个物理设备上，二者共同构成 5G 基带单元，CU 与 DU 间的 F1 接口为中传接口。BBU-RRU-Antenna 架构中，RRU 功能与 AAU 相同，区别在于 RRU 无内置天线单元，需要外接天线使用，主

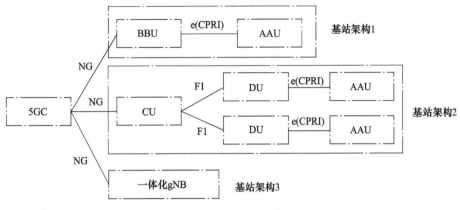

图 8-4　5G 基站设备架构

要用于郊区等低容量需求或室内覆盖场景。一体化 gNB 架构集成了 5G 基带单元、射频单元以及天线单元，属于高集成度、紧凑型设备，可用于局部区域补盲或室内覆盖等特殊场景。

　　从设备形态角度划分，5G 基站可分为基带设备、射频设备、一体化 gNB 设备以及其他形态的设备，如图 8-5 所示。其中，5G 基带设备又包含了 BBU、CU、DU 不同类型的物理设备，5G 射频设备包含了 AAU 和 RRU 设备。

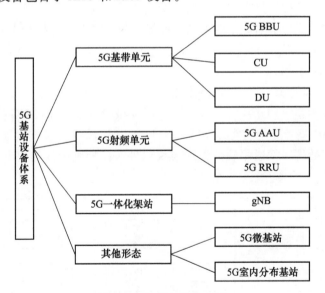

图 8-5　5G 基站设备体系

　　对于 5G 基带单元而言，存在两类不同的设备架构：CU/DU 一体化架构和 CU/DU 分离架构。

　　对于 CU/DU 一体化设备类型，由于 5G BBU 设备集成了 CU 与 DU 的功能，所以设备形态与 3G、4G 基站设备形态基本相同，如图 8-6 所示。所有的基带处理功能都集成在单个机框或板卡内。对于机框式结构的 BBU，整个 BBU 机框分为多个槽位，分别插入系统控制、基带处理、传输接口等不同功能的板卡，并可基于容量需求灵活配置不同板卡的组合。对于一体化板卡结构的 BBU，所有信令面、用户面处理以及传输、电源管理功能均集成在单个板卡上，系统集成度更高。

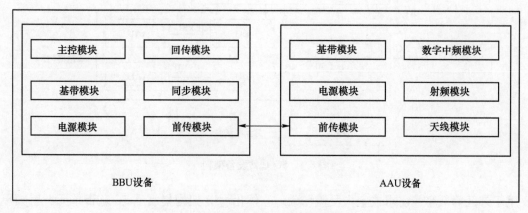

图 8-6 CU/DU 一体化设备结构

BBU 设备增加了回传模块替换中传模块，基带模块具备 PDCP/SDAP、RLC、MAC、PHY 层（部分 PHY 层）功能。BBU 设备形态可分为基带主控一体型、基带主控分离型两种产品形态。对于基带主控一体式 BBU，基带处理单元、主控单元、传输接口单元集成在一块物理板卡上，这种架构具有集成度高、功耗低等特点。对于基带主控分离型 BBU，基带处理单元与主控单元分别对应基带板和主控板，分离式架构支持板卡间灵活组合，便于硬件灵活扩容。目前，CU/DU 分离架构设备还不成熟，不能满足商用要求。商用宏基站设备为 CU/DU 一体化设备。

CU/DU 分离结构的 5G 基带单元将传统的 BBU 切分为 CU 设备和 DU 设备，两个设备之间通过中传接口相连（F1 接口），CU 设备与 5G 核心网之间通过 NG 接口相连，二者配合共同完成整个 NR 基带处理功能，如图 8-7 所示。CU 设备一般可以采用通用硬件平台，为了便于用户数据处理，除通用硬件处理模块以外，还配置硬件加速卡，主要完成加密/解密、数据包分段/组合等功能。

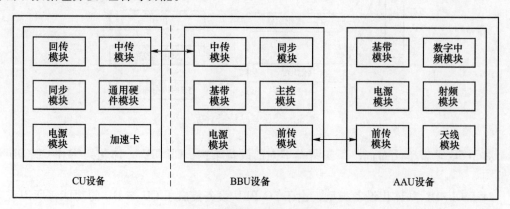

图 8-7 CU/DU 分离设备结构

DU 设备是分布式接入点，负责完成部分底层基带协议处理功能；CU 是中央单元，负责处理高层协议功能并集中管理多个 DU。CU 与 DU 之间的功能切分存在多种选项，3GPP 讨论了 8 种候选方案，即 Option1～Option8，如图 8-8 所示，不同方案下 CU、DU 分别支持不同的协议功能。目前，标准化工作主要集中在 Option2，即 CU 主要完成 RRC/PDCP 层基带处理功能，DU 完成 RLC 及底层基带协议功能。

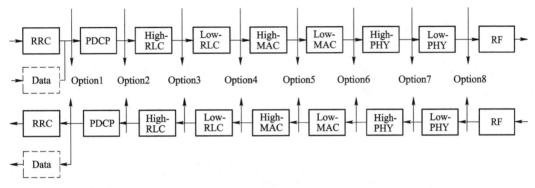

图 8-8 CU/DU 分离结构功能切分方案

由于高层基带处理功能对于实时性的要求不是很高，CU 设备可基于 X86 通用硬件平台实现，采用高性能服务器结合硬件加速器的方案，提供信令处理、数据交换、加解密等硬件处理能力，满足 CU 设备大容量、大带宽的性能要求，同时可支持灵活的扩缩容，并基于网络部署需求，连接不同数量的 DU。

DU 作为底层基带协议处理单元，一般基于专用硬件实现，采用机框或一体化板卡的结构，与 CU/DU 合设的 BBU 类似，但是，DU 不具备完整的基带处理功能，不能单独作为 5G 基带单元使用。

在 5G 无线接入网中，CU 与其连接的多个 DU 对 5G 核心网及其他基站而言，仅是一个节点，CU 与 DU 之间通过 F1 接口进行信令交互及用户数据传输，该接口为点对点的逻辑接口。

CU/DU 一体化与 CU/DU 分离两种结构各有利弊，主要有以下几个区别。

（1）在设备性能方面，CU 实现了 RRC/PDCP 层基带资源集中，可获得网络协同及资源共享增益，同时可降低切换开销，提高网络性能。但另一方面，CU/DU 分离将增加控制面以及业务建立时延，影响实时业务性能。

（2）在可扩展性方面，CU/DU 一体化的 BBU 使用专用硬件，设备扩容需要更换或新增板卡。CU 支持软硬件解耦，可以在底层通用硬件的基础上实现网络功能虚拟化，通过修改软件的方式实现灵活的扩缩容，同时支持网络新特性的快速引入，设备的可扩展性更强。

（3）在设备部署方面，CU/DU 一体化的 BBU 设备在网络中的部署位置与 3G/4G BBU 相同，可利用现有的机房及配套设备，快速部署。CU 设备的体积、功耗与 3G/4G BBU 差异很大，对机房空间、电源的需求大幅增加，需要进行机房改造或新建，部署周期较长。从部署成本角度分析，CU/DU 合设架构只涉及 5G BBU 成本，不引入新的设备成本。CU/DU 分离架构额外增加了 CU 设备，相应的还需增加部署 CU 的机房及电源等配套成本。

（4）在设备维护方面，CU/DU 分离架构由于新增一层网元，维护节点由原来的 BBU

单节点变为 CU、DU 两个节点，同时增加了新的 F1 接口，设备维护的工作量随之增加。

（5）在设备成熟度方面，CU/DU 分离的标准还在发展中，基站设备的软硬件解耦技术还不成熟，CU/DU 分离设备的成熟商用还需要一段时间。

8.1.3　5G 基站的类型

5G 基站按照设备物理形态和功能，可以分为宏基站设备和微站设备两大类。据国际电信联盟（ITU）的分类，5G 移动通信基站主要有四种类型，见表 8-1，根据覆盖能力划分从大到小分别是宏基站（宏站）、微基站（微站）、皮基站（微微站、企业级小基站）以及飞基站（毫微微站、家庭级小基站）。在 5G 基站建设中，微基站、皮基站和飞基站由于具有小型化、低发射功率、可控性好、智能化和组网灵活等特点，成为基站建设热点。

表 8-1　不同类型基站的对比

类型	单载波发射功率（20MHz）	覆盖半径	应 用 场 景
宏基站	10W 以上	200m 以上	城市空间足够大的热点人流地区
微基站	500mW~10W（含 10W）	50~200m	用于受限于占地无法部署宏基站的市区或农村
皮基站	100~500mW（含 500mW）	20~50m	室内公共场所
飞基站	100mW 以下（含 100mW）	10~20m	家庭和企业环境

5G 宏基站就是架设在铁塔上的基站，如图 8-9 所示，天线架设高度在 20~30m 以上，5G 宏基站体型很大，单载波发射功率可达到 10W 以上，可同时接入用户数视基站规模而定，一般在 1000 个以上，覆盖能力也比较广，可达到 200m 以上。不过在 5G 基站建设中，宏基站并不是重点，因为宏基站信号存在弱覆盖或者盲点区域，无信号或质量差，不能满足正常需求。

图 8-9　5G 宏基站

微基站、皮基站、飞基站等的微型基站是一种从产品形态、发射功率、覆盖范围等方面，都相比传统宏站小得多的基站设备，如图 8-10 所示。主要用于人口密集区，覆盖大基站无法触及的末梢通信。微基站通常指在楼宇中或密集区安装的小型基站，这种基站的体积小、覆盖面积小，承载的用户量比较低。

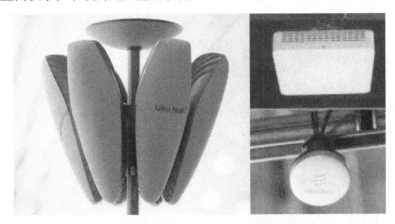

图 8-10　5G 微基站和皮基站

微基站功率为 500mW~10W，覆盖半径在 50~200m，可同时接入用户数为 128~512 个。由于室外条件恶劣，这种基站的可靠性远不如宏基站，维护起来比较麻烦，一般用于受限于占地无法部署宏基站的市区或农村。

皮基站功率为 100~500mW，覆盖半径在 20~50m，可同时接入用户数为 64~128 个。

飞基站功率小于 100mW，覆盖半径在 10~20m，可同时接入用户数为 8~16 个。覆盖范围 20~50m，用于市区公众场所，如火车站、机场、购物中心等。微基站、皮基站和飞基站，通常合称为"微小基站"。微小型基站的特点是小型化、低发射功率、可控性好、智能化和组网灵活。

8.1.4　5G 基站原理及部署模式

5G 基站是 5G 网络的核心设备，提供无线覆盖，实现有线通信网络与无线终端之间的无线信号传输，在系统中的位置如图 8-11 所示。

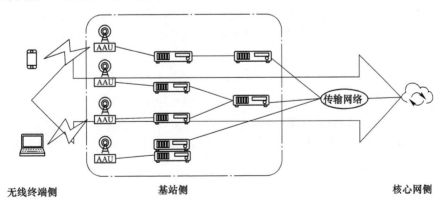

无线终端侧　　　　　　　基站侧　　　　　　　　　　　　核心网侧

图 8-11　5G 基站工作原理

5G 基站通过传输网络连接到核心网，完成控制信令、业务信息的传送工作，基站侧将控制信令、业务信息经过基带和射频处理，然后送到天线上进行发射。终端通过无线信道接收天线所发射的无线电波，然后解调出属于自己的信号完成从核心网到无线终端的信息接收，无线通信网是一个双向通信的过程，终端也会通过自身的天线发射无线电波，基站接收后将解调出对应的控制信令、业务信息通过传输网络发送给核心网。

5G 基站重构下的切分方案中，CU/DU 高层切分，R15 阶段 CU/DU 高层分割采用 Option2，也就是将 PDCP/RRC 作为集中单元并将 RLC/MAC/PHY 作为分布单元。DU/AAU 低层切分，BBU/RRU 之间的接口是否标准化存在争议，目前该接口有行业组织在研究。

CU 云化的价值：

（1）资源池，高可扩展性：集中的控制面可以避免单站话务超过设计值时单点扩容，享受统计复用收益。多连接汇聚，性能优化。

（2）统一的多连接锚点，位置较高，减少传输反传；集中的控制，减少切换，同时适用于 LTE/5G 紧耦合，5G 低频与高频紧耦合，蜂窝与 WiFi。

（3）TTM 可能缩短：高层软件运行于虚拟化平台，可以与硬件解耦，独立演进，新特性开发周期可能缩短，配合网络切片技术，差异化服务（大客户、行业用户等服务）更容易实现。

RAN 切分后带来的 5G 多种部署方式，如图 8-12 所示。

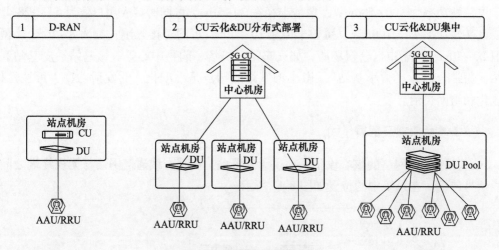

图 8-12　5G 基站部署方式

方案 1：CU 与 DU 合设，集中化，此方案与 LTE C-RAN 方案类似，主要用于 uRLLC 场景，有理想前传，可以有效控制时延。

方案 2：CU 与 DU 分离，DU 集中化，有理想前传条件，可应用于 eMBB 场景，同时可兼容 FWA 和 mMTC 场景。

方案 3：CU 与 DU 分离，DU 分布化，与方案 2 的区别在于，方案 3 用于无理想前传，需要将 DU 与 AAU 放在一个站点，其他场景与方案 2 一致。

方案 4：AAU+DU+CU 在一个小基站中，可应用在小站，热点覆盖场景。

【知识总结】

5G 基站在设备逻辑结构、设备结构以及基站类型与传统的 4G 基站相比有很大的区别，这些差异就决定了 5G 网络的整体架构与 4G 网络整体架构有着较大差异，5G 网络的业务类型和业务特点相比于 4G 网络更具有优势。

8.2　5G 基站典型硬件产品

【提出问题】

我们知道，5G 网络为了适配多样化的应用场景，5G 基站存在着多种设备形态，这也就意味着 5G 基站产品呈现着多样化的特点，不同的设备制造商生产的基站产品也各有差异。5G 的产业链很广，5G 基站设备制造商很多，生活中你可能见过通信基站，但是你一定很少有机会近距离观察它，你知道哪些公司是 5G 基站设备制造商？你能列举一些典型的 5G 基站硬件产品吗？

【知识解答】

目前，国内的 5G 基站铺设正在进行中。在国内宏基站建设领域基站设备制造商分别是华为、中兴通讯、爱立信等企业，这些企业占据国内 90% 的市场份额。而小基站方面，据不完全统计，目前全球有超 20 家企业能提供小基站产品，国内外研究和生产小基站的厂商有华为、中兴、爱立信、诺基亚、大唐移动、英特尔、新华三、赛特斯、京信通信、佰才邦、创意信息、瑞斯康达等，虽然这些公司对于小基站的研究侧重不同，但都想在未来的小基站市场分一杯羹。

8.2.1　华为 5G 基站产品

扫一扫查看
华为 5G 基站产品

华为 5G 基站产品主要由基带单元和射频单元两部分组成，利用 CPRI 或 eCPRI 接口完成基带单元和射频单元之间的连接，如图 8-13 所示。目前主要是以室外宏基站为主，利用宏基站的覆盖优势快速实现广覆盖，宏基站主要由 BBU 和 AAU 组成。

● 华为 5G BBU

目前华为 gNodeB 较为典型的站型产品有 BBU3910、BBU5900 等，图 8-14 所示为华为 BBU5900 的硬件产品。BBU 是一个 19 英寸宽、2U 高的小型化的盒式设备，主要完成基站基带信号的处理。

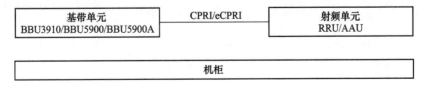

图 8-13　华为 5G 基站产品结构

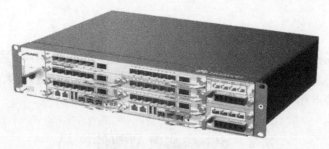

图 8-14　华为 BBU5900

由基带子系统、整机子系统、传输子系统、互联子系统、主控子系统、监控子系统和时钟子系统组成，各个子系统又由不同的单元模块组成，如图 8-15 所示。

（1）基带子系统：基带处理单元。

（2）整机子系统：背板、风扇、电源模块。

（3）传输子系统：主控传输单元、传输扩展单元。

（4）互联子系统：主控传输单元、基础互联单元。

（5）主控子系统：主控传输单元。

（6）监控子系统：电源模块、监控单元。

（7）时钟子系统：主控传输单元、时钟星卡单元。

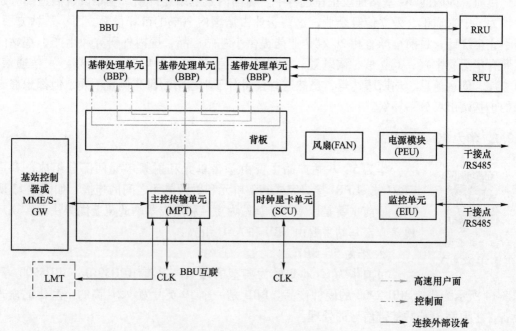

图 8-15　华为 BBU5900 原理图

BBU5900 面板槽位结构与传统的 BBU3900/BBU3910 不同，中间的 0~8 槽位，采用先由左到右，再由上到下分布。任意左右相邻两个槽位（如 SLOT0 和 SLOT1、SLOT2 和 SLOT3、SLOT4 和 SLOT5）可以合并成一个全宽槽位，可以用于配置不同的单板。BBU5900 必配的单板见表 8-2。

表 8-2　BBU5900 必配单板

单板类型	适配单板	配置原则	功　能
主控传输板	UMPTe	必配，最多 2 块，配置在 6 号槽或 7 号槽，工作模式为主备模式	完成基站的配置管理、设备管理、性能监视、信令处理等功能；为 BBU 内其他单板提供信令处理和资源管理功能；提供 USB 接口、传输接口、维护接口，完成信号传输、软件自动升级、在 LMT 或 U2000 上维护 BBU 的功能
基带处理板	UBBPfw1	必配，全宽板最多 3 块，全宽板槽位配置顺序为 0>2>4	完成上下行数据基带处理功能；提供与 RRU 通信的 CPRI 接口；实现跨 BBU 基带资源共享能力
电源模块	UPEUe	必配，最多 2 块，在 19 号（默认）/18 号槽位，一块 UPEUe 输出功率为 1100W，两块 UPEUe 输出功率为 2000W	UPEUe 用于将-48V 直流输入电源转换为 +12V 直流电源；提供 2 路 RS485 信号接口和 8 路开关量信号接口，开关量；输入只支持干接点和 OC（Open Collector）输入
风扇模块	FANf	必配，固定配置在 16 号槽位，最大散热能力为 2100W	为 BBU 内其他单板提供散热功能；控制风扇转速和监控风扇温度，并向主控板上报风扇状态、风扇温度值和风扇在位信号；支持电子标签读写功能

- 华为 5G RRU

RRU 主要用于宏基站，主要功能是调制、解调、数据压缩、射频信号和基带信号的放大，以及驻波比的检测。当前华为 5G RRU 仅用于 1.8Gbit/s 上下行解耦场景，上下行解耦只增加 1 个上行载波，对原有的 GL 功率配置没有影响。当前常用支持上下行解耦的 RRU 型号有 RRU3971、RRU5901 和 RRU3959。

华为 5G RRU 采用模块化设计，如图 8-16 所示，根据功能分为：高速接口处理、供电处理、TRX、功率放大器（Power Amplifier，PA）、低噪声放大器（Low Noise Amplifier，LNA）和双工器或收发开关。

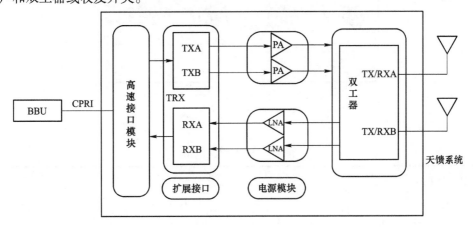

图 8-16　华为 5G RRU 结构图

CPRI 接口处理：接收 BBU 发送的下行基带数据，并向 BBU 发送上行基带数据，实现

RRU 与 BBU 的通信。

供电处理：将输入 -48V 电源转换为 RRU 各模块需要的电源电压。

TRX：TRX 包括两路上行射频接收通道、两路下行射频发射通道和一路反馈通道；接收通道将接收信号下变频至中频信号，并进行放大处理、模数转换；发射通道完成下行信号滤波、数模转换、射频信号上变频至发射频段。

反馈通道协助完成下行功率控制、数字预失真 DPD 以及驻波测量。

PA：（Power Amplifier）对来自 TRX 的小功率射频信号进行放大。

LNA：低噪声放大器 LNA 将来自天线的接收信号进行放大。

双工器：双工器提供射频通道接收信号和发射信号复用功能，可使接收信号与发射信号共用一个天线通道，并对接收信号和发射信号提供滤波功能。

华为 5G RRU 中最为典型的产品是 RRU3971，其外观和规格分别如图 8-17 和表 8-3 所示。

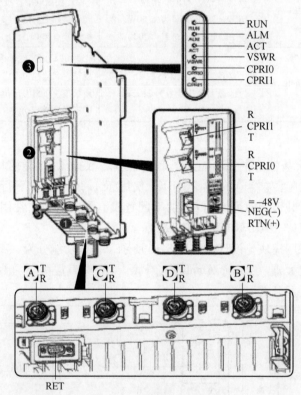

图 8-17　RRU3971 外观

表 8-3　RRU3971 规格

项　目	规　　格			
频带/带宽	频带	RX	TX	IBW
	1800MHz	1710~1785MHz	1805~1880MHz	45MHz
尺寸（H×W×D）	400mm×300mm×100mm			
输入电压	DC -36V～-57V			
最大输出功率	4×40W			

华为 RRU3971 面板指示灯说明见表 8-4。

表 8-4   华为 RRU3971 面板指示灯说明

丝印标识	颜色	状　　态	状 态 说 明
RUN	绿	常亮	有电源输入，模块故障
		常灭	无电源输入，或模块故障
		慢闪（1s 亮，1s 灭）	模块正在运行
		快闪（0.125s 亮，0.125s 灭）	模块正在加载软件，或模块未运行
ALM	红	常亮	告警状态，需要更换模块
		慢闪（1s 亮，1s 灭）	告警状态，不确定是否需要更换模块，可能是相关模块或接口等故障引起的告警
		常灭	无告警
ACT	红绿双色	常亮	工作正常
		慢闪（1s 亮，1s 灭）	模块运行（发射通道关闭）
VSWR	红色	常灭	无 VSWR 告警
		慢闪（1s 亮，1s 灭）	B T/R 端口有 VSWR 告警
		常亮	A T/R 端口有 VSWR 告警
		快闪（0.125s 亮，0.125s 灭）	A T/R 和 B T/R 端口有 VSWR 告警
CPRI0 CPRI1	红绿双色	绿色常亮	CPRI 链路正常
		红色常亮	光模块收发异常（可能原因：光模块故障、光纤折断等）
		红灯慢闪（1s 亮，1s 灭）	CPRI 链路失锁（可能原因：双模时钟互锁问题、CPRI 接口速率不匹配等）
		常灭	光模块不在位或光模块电源下电

● 华为 5G AAU

AAU 是基站射频模块（RU）与天线（AU）是继 RFU、RRU 之后衍生出的一种新的射频模块形态。所以 AAU 实际上就是射频和天线高度集成在一起的设备，它既是射频模块也是天线，目前华为主流的 AAU 型号有 AAU5613、AAU5313 和 AAU5619，如图 8-18 所示。

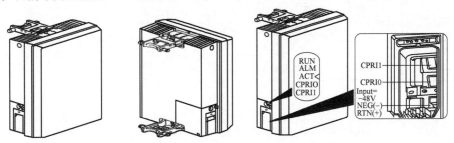

图 8-18   华为 5G AAU5613/AAU5313/AAU5619 外观

华为 5G AAU5613（见表 8-5）主要功能包括：

（1）接收 BBU 发送的下行基带数据，并向 BBU 发送上行基带数据，实现与 BBU 的通信。

（2）通过天馈接收射频信号，发射通道将接收信号下变频至中频信号，并进行放大处理、模数转换，发射通道完成下行信号滤波、数模转换、射频信号上变频至发射频段。

（3）提供射频通道接收信号和发射信号复用功能，可使接收信号与发射信号共用一个天线通道，并对接收信号和发射信号提供滤波功能。

（4）发射或接收无线电波，并进行波束赋形。

表 8-5　华为 5G AAU5613 规格

类型	TX/RX	频段/MHz	发射和接收范围/MHz	制　式	IBW/MHz	输出功率/W
AAU5613	64T64R	3500（N78）	3400~3600	NR、LTE（TDD）、TN	200	200
		3700（N78）	3600~3800	NR、LTE（TDD）、TN	200	200
		3700（N78）	3620~3800	NR	180	200
		4900	4800~5000	NR	200	200

8.2.2　中兴 5G 基站产品

目前中兴在 5G 标准化专利方面位列世界第三，仅次于华为和诺基亚，他们正在参与国内大部分城市的 5G 建设，与欧洲部分国家也进行了合作，是我国重要的 5G 科技核心力量。图 8-19 是中兴 5G 宏基站示意图。

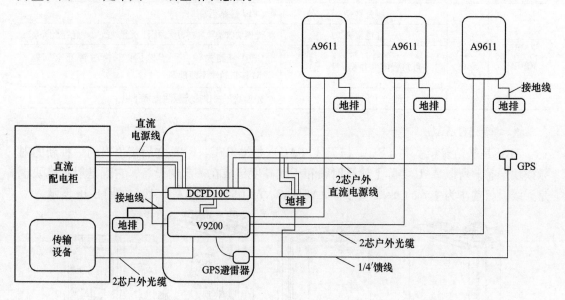

图 8-19　中兴 5G 宏基站

- 中兴 5G BBU

2018 年世界移动通信大会上，中兴通讯发布了业界首个 NG BBU。它是 2017 年发布的全球首个基于 SDN/NFV 技术的 5G 无线接入产品 IT BBU 的升级版，是目前业界能力最强、容量最大的 2U 高 NG BBU。中兴通讯的 NG BBU 采用了先进的 SDN/NFV 虚拟化技术，兼容 2G/3G/4G/5G，支持 C—RAN、D—RAN、5G CU//DU；具有容量最大、接口最丰富、集成度高、前端维护等特点。运营商可以通过部署 NG BBU 进行 4G/5G 混合组网、多模灵活组网，实现垂直业务和多场景的灵活部署，提高网络部署和优化的速度，降低 TCO，图 8-20 为中兴 5G BBU-V9200 实物。

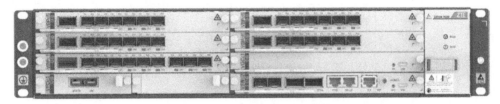

图 8-20 中兴 5G BBU-V9200 实物

中兴 5G BBU-V9200 支持和 RRU/AAU 的星型/链型组网，两者之间通过光纤连接。中兴 5G BBU-V9200 规格见表 8-6。

表 8-6 中兴 5G BBU-V9200 规格

尺 寸	88.4mm×482.6mm×370mm
重量	≤18kg
供电方式	DC −48V
功耗	700W（S111）/1300W（满配）
安装方式	19 英寸机柜安装、挂墙安装、室外一体化机柜安装、HUB 柜安装
电源线	电源线 10mm^2；地线 16mm^2

中兴 5G BBU-V9200 是基带单元，可以集成在基带机柜内，连接外接分布式基站的 RRU 或 AAU。BBU 包括多个插槽，可以配置不同功能的单板，其配置原则见表 8-7。BBU-V9200 单板配置见表 8-8。

表 8-7 BBU-V9200 配置规范

基带板/通用计算板	槽位 8	基带板/通用计算板	槽位 4	
基带板/通用计算板	槽位 7	基带板/通用计算板	槽位 3	
基带板/通用计算板	槽位 6	交换板/通用计算板	槽位 2	风扇模块 槽位 14
电源模块槽位 5	环境监控模块 电源模块 槽位 13	交换板 槽位 1		

表 8-8 BBU-V9200 单板配置

单板类型	适配单板	配 置 原 则	功 能
主控传输板	VSWc1 VSWc2	固定配置在 1、2 槽位，可以配置 1 块，也可配置 2 块。当配置 2 块主控板时，可设置为主备模式和负荷分担模式。 主备模式：一块主控板工作，另一块备份，当主用单板故障时进行倒换。 负荷分担模式：两块主控板同时工作，进行工作量的负荷分担	实现基带单元的控制管理、以太网交换、传输接口处理、系统时钟的恢复和分发及空口高层协议的处理

续表 8-8

单板类型	适配单板	配 置 原 则	功　　能
基带处理板	VBPc1 VBPc5	可以灵活配置在 3、4、6、7、8 槽位，根据实际用户量确定基带板数量	用来处理 3GPP 定义的 5G 基带协议，实现物理层处理；提供上行/下行信号；实现 MAC、RLC 和 PDCP 协议
通用计算板（可选）	VGCc1	可以根据需要灵活配置在 2、3、4、6、7、8 槽位，根据实际情况确定通用计算板数量	可用作移动边缘计算（MEC）、应用服务器、缓存中心等
环境监控板（可选）	VEMc1	可以根据需要进行配置，当配置环境监控板时，固定配置在 13 槽位	管理 BBU 告警；并提供干接点接入；完成环境监控功能
电源板	VPDc1	可以灵活配置在 5、13 槽位；当配置 1 块时，固定配置在 5 槽位。当配置 2 块电源分配板时，可设置为主备模式和负荷分担模式。 主备模式：一块电源分配板工作，另一块备份，当主用单板故障时进行倒换。 负荷分担模式：两块电源分配板同时工作，进行工作量的负荷分担	提供电源分配，实现-48V 直流输入电源的防护、滤波、防反接；输出支持-48V 主备功能；支持欠压告警；支持电压和电流监控；支持温度监控
风扇模块	VFC1	固定配置 1 块，固定配置在 14 槽位	系统温度的检测控制；风扇状态监测、控制与上报

● 中兴 5G AAU（宏站）

AAU 由天线、滤波器、射频模块和电源模块组成，功能如下所述。

（1）天线：多个天线端口和多个天线振子，实现信号收发。

（2）滤波器：与每个收发通道对应，为满足基站射频指标提供抑制。

（3）射频模块：多个收发通道、功率放大、低噪声放大、输出功率管理、模块温度监控，将基带信号与高频信号相互转化。

（4）电源模块：提供整机所需电源、电源控制、电源告警、功耗上报、防雷功能。

AAU 是集成了天线、射频的一体化形态的设备，与 BBU 一起构成 5G NR 基站。图 8-21 为中兴 AAU A9611 实物外观。图中 1 为 OPT1 接口，属于 25 G 光信号接口，AAU A9611 和 BBU 系统之间的光信号提供物理传输；2 为 OPT2 接口，属于 100 G 光信号接口，AAU A9611 和 BBU 系统之间的光信号提供物理传输；3 为直流电源接口。

AAU A9611 整体重量小于 45kg，采用 DC-48V 供电方式，迎风面积小于 0.4m² 轻载功耗为 1250W。A9611 的底部有 5 个接口，用于维护设备，接口位置如图 8-22 所示。

A9611 底部接口说明如下：

（1）1 为 PWR 接口，主要提供-48V 直流电源输入接口。

（2）2 为 GND 接口，主要提供 AAU 保护地接口。

（3）3 为 RGPS 接口，主要提供连接外置 RGPS 模块。

（4）4 为 MON/LMT 接口，主要提供 MON 外部监控接口或 LPU 设备接 AISG 设备接口。

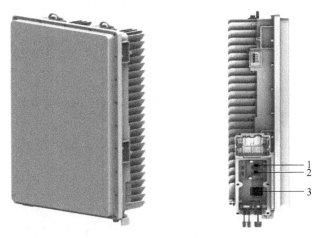

图 8-21　中兴 AAU A9611 实物外观

（5）5 为 TEST 接口，为测试口，提供天线馈电口耦合信号的外部输出接口。

A9611 的面板指示灯显示设备运行状态，位于机箱侧面，如图 8-23 所示。

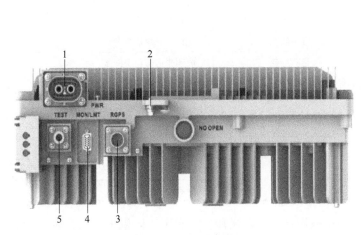

图 8-22　A9611 底部接口

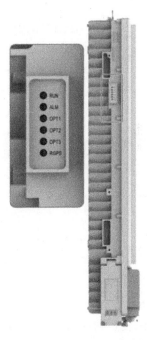

图 8-23　A9611 的面板指示灯

A9611 的面板指示灯说明见表 8-9。

- 中兴 5G AAU（微站）

中兴 5G 微站 AAU 产品用于微蜂窝组网，也可应用于室内和室外环境。具有体积小、重量轻、外形美观、便于获取站址和安装方便的特点。

5G 微站 AAU 和基带单元（BBU）组成一个完整的 gNB，实现覆盖区域的无线传输和

表 8-9　中兴 A9611 的面板指示灯说明

丝印标识	功能	颜色	状　态	状 态 说 明
RUN	运行指示	绿	常灭	系统未加电，或处于故障状态
			常亮	系统加电但处于故障状态
			闪烁（1s 亮，1s 灭）	系统处于软件启动中
			闪烁（0.3s 亮，0.3s 灭）	系统运行正常，与 BBU 的通信正常
			闪烁（70ms 亮，70ms 灭）	系统运行正常，与 BBU 的通信尚未建立或通信断链
ALM	告警指示	红	常灭	无告警
			常亮	有告警
OPT1	光接口状态指示	红绿双色	常灭	光口 1 光模块不在位或者光模块未上电或未接收光信号
			常亮红色	光口 1 光模块收发异常
			常亮绿色	收到光信号但未同步
			闪烁绿色（0.3s 亮，0.3s 灭）	光口 1 链路正常
OPT2	光接口状态指示	红绿双色	常灭	光口 2 光模块不在位或者光模块未上电或未接收光信号
			常亮红色	光口 2 光模块收发异常
			常亮绿色	收到光信号但未同步
			闪烁绿色（0.3s 亮，0.3s 灭）	光口 2 链路正常
OPT3	光接口状态指示	红绿双色	常灭	光口 3 光模块不在位或者光模块未上电或未接收光信号
			常亮红色	光口 3 光模块收发异常
			常亮绿色	收到光信号但未同步
			闪烁绿色（0.3s 亮，0.3s 灭）	光口 3 链路正常
OPT4	光接口状态指示	红绿双色	常灭	RGPS 没有配置，或 AAU/BBU 处于启动状态
			常亮红色	RGPS 异常
			常亮绿色	RGPS 模块同步卫星过程中
			闪烁绿色（0.3s 亮，0.3s 灭）	RGPS 正常

无线信道的控制。中兴 5G 微站 AAU 采用自然散热设计，无噪声，体积小，重量轻，易于伪装及隐蔽安装。支持交流或直流，可灵活部署，支持大带宽，能满足不同场景的覆盖要求，满足运营商 4G/5G 热点容量需求，减少站点设备数量。支持 4 端口天线和 MIMO，提高频率效率，带来更好的用户体验。

微站 AAU 有两种配置，一种可以配置一体化天线，另一种为可以配置 N 头天线转接模块。图 8-24 为微站 AAU 配置一体化天线侧面图，图 8-25 为微站 AAU 配置 N 头天线转接模块的外观图。

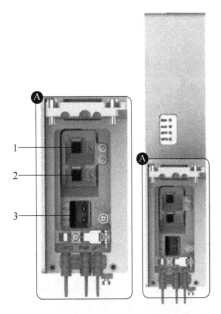

图 8-24 微站 AAU 配置一体化天线侧面图

图 8-25 微站 AAU 配置 N 头
天线转接模块的外观

微站 AAU 一体化天线侧面接口说明如下：

（1）1 为 OPT1 接口，主要提供 BBU 与 RRU 的接口，或级联场景下的 RRU 上联光口。

（2）2 为 OPT2 接口，主要提供 RRU 级联场景下的下联光口。

（3）3 为 PWR 接口，主要提供电源输入口。

中兴 5G 微站 AAU 产品规格说明见表 8-10。

表 8-10 中兴 5G 微站 AAU 产品规格

尺寸（高×宽×深）	350mm×250mm×79mm
重量	≤7kg
工作电源	DC −48V（DC −37～−57V） AC 220V（AC 140～286V，45～66Hz）
功耗	136W
工作频率	2515～2675MHz
载波带宽	LTE：20MHz NR：60MHz/100MHz
OBW	160MHz
IBW	160MHz
输出功率	4000W
物理接口	2×10G/25G 光口 1×AC/DC 电源接口
工作温度	−40～+55℃
工作湿度	4%～100%

【知识总结】

随着 5G 网络的大规模建设和商业化进程不断加快，认识 5G 基站主流产品，了解产品的规格，掌握产品的基本结构对于后期基站的部署、配置、维护以及故障处理等做好知识与技术储备，具有重要意义。

8.3　5G 网络部署方案

【提出问题】

为了满足更高速率、更大连接数、更低时延的 5G 网络性能要求，5G 基站需要具备更高的硬件处理能力，设备形态与架构也发生了一定变化。5G 基站在诸多方面均与 3G/4G 存在显著差别，给 5G 设备的部署带来了新的挑战。5G 基站的部署方案不仅要考虑 5G 网络技术、频谱策略及其架构的特点，还要考虑与现有 2G、3G、4G 网络架构的融合，如何合理的部署 5G 基站，提高设备利用率的同时兼顾不同组网架构的商用网络部署需求？

【知识解答】

目前，在 5G 时代，"宏基站为主，小基站为辅"的组网方式是未来网络覆盖提升的主要途径。主要是 5G 时期采用 3.5GHz 及以上的频段，在室外场景下覆盖范围减小，加上由于宏基站布设成本较高，因此，需要小基站配合组网。5G 组网模式分为 NSA 和 SA 两种。NSA 是指非独立组网模式，它通过整合 5G 基站和 4G 基站的方式组网，是目前绝大多数国家主流商用的组网模式。SA 是指独立组网模式，它通过建设独立的 5G 基站实现组网，在成本造价、覆盖进度相比 NSA 更高、更慢。

8.3.1　5G 网络架构部署方案

5G 网络架构部署方案与 5G 频谱策略密切相关，5G 网络频段基本确定采用低频和高频共存，其应用策略是 6GHz 以下低频用于满足 5G 网络宏覆盖需求。实现 5G 的应用，首先需要建设和部署 5G 网络，5G 网络的部署主要需要两个部分：无线接入网（Radio Access Network，RAN）和核心网（Core Network）。无线接入网主要由基站组成，为用户提供无线接入功能。核心网则主要为用户提供互联网接入服务和相应的管理功能等。

扫一扫查看
5G 网络部署方案

在 2016 年 6 月制定的标准中，3GPP 共列举了 Option1、Option2、Option3/3a、Option4/4a、Option5、Option6、Option7/7a、Option8/8a 等 8 种 5G 架构选项。在 2017 年 3 月发布的版本中，优选了（并同时增加了两个子 Option3x 和 Option7x）Option2、Option3/3a/3x、Option4/4a、Option5、Option7/7a/7x 等 5 种 5G 架构选项。5G 架构如图 8-26 所示。

Option1 网络部署模式是由 4G 的核心网和基站组成，是 4G 网络目前的部署方式。实线叫作用户面，用于发送用户具体的数据通道，虚线叫作控制面，代表传输管理和调度数据所需的信令的通道。

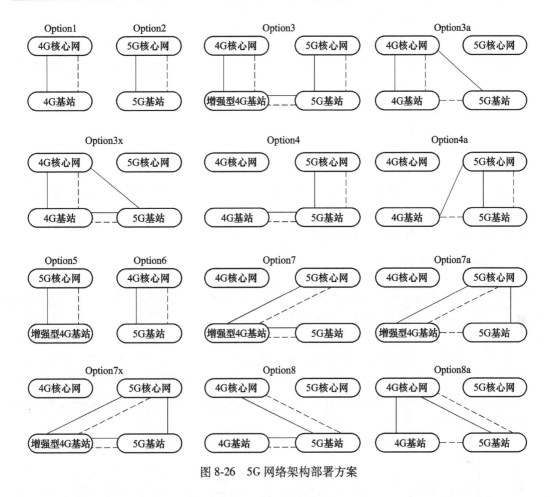

图 8-26　5G 网络架构部署方案

Option2 架构很简单，就是 5G 基站连接 5G 核心网，这是 5G 网络架构的终极形态，可以支持 5G 的所有应用。虽然架构简单，但是要建这样一张 5G 网，要新建大量的基站和核心网，代价不菲。目前中国移动就有将近 230 万个 4G 站点，要是再建同样大的一张 5G 网络花费巨大。

Option3 系列主要使用的是 4G 的核心网络，分为主站和从站，与核心网进行控制面命令传输的基站为主站。由于传统的 4G 基站处理数据的能力有限，需要对基站进行硬件升级改造，变成增强型 4G 基站，该基站为主站，新部署的 5G 基站作为从站进行使用。Option3 系列的基站连接的核心网是 4G 核心网，控制面锚点都在 4G，适用于 5G 部署的最初阶段，覆盖不连续，也没太多业务，纯粹是作为 4G 无线宽带的补充而存在。

同时，由于部分 4G 基站时间较久，运营商不愿意花资金进行基站改造，所以就想了另外两种办法，Option3a 和 Option3x。Option3a 就是 5G 的用户面数据直接传输到 4G 核心网。而 Option3x 是将用户面数据分为两个部分，将 4G 基站不能传输的部分数据使用 5G 基站进行传输，而剩下的数据仍然使用 4G 基站进行传输，两者的控制面命令仍然由 4G 基站进行传输。

Option4 与 Option3 的不同之处就在于，Option4 的 4G 基站和 5G 基站共用的是 5G 核心网，5G 基站作为主站，4G 基站作为从站。由于 5G 基站具有 4G 基站的功能，所以

Option4 中 4G 基站的用户面和控制面分别通过 5G 基站传输到 5G 核心网中，而 Option4a 中，4G 基站的用户面直接连接到 5G 核心网，控制面仍然从 5G 基站传输到 5G 核心网。

Option5 是先部署 5G 的核心网，并在 5G 核心网中实现 4G 核心网的功能，先使用增强型 4G 基站，随后再逐步部署 5G 基站。

Option6 是先部署 5G 基站，采用 4G 核心网。但此选项会限制 5G 系统的部分功能，如网络切片，所以 Option6 已经被舍弃。

Option7 和 Option3 类似，唯一的区别是将 Option3 中的 4G 核心网变成了 5G 核心网，传输方式是一样的。

Option8 和 8a 使用的是 4G 核心网，运用 5G 基站将控制面命令和用户面数据传输至 4G 核心网中，由于需要对 4G 核心网进行升级改造，成本更高，改造更加复杂，所以这个选项在 2017 年 3 月发布的版本中被舍弃。

8.3.2　独立部署模式 SA

3GPP 根据无线接入技术 RAT（Radio Access Technologies，无线接入技术）控制面锚点是双连接还是单连接到核心网，来定义 NSA 和 SA 组网架构部署场景，双连接为 NSA，单连接为 SA。所谓的双连接是指手机能同时跟 4G 和 5G 都进行通信，能同时下载数据。一般情况下，会有一个主连接和从连接。控制面锚点是指双连接中的负责控制面的基站。对于 5G 的网络架构，图 8-25 中的 8 个选项分为独立组网和非独立组网两组，其中选项 Option1、Option2、Option5、Option6 是独立组网。选项 Option3、Option4、Option7、Option8 是非独立组网，如图 8-27 所示。

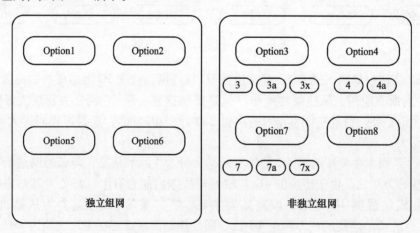

图 8-27　独立组网与非独立组网

独立组网模式（SA）指的是新建 5G 网络，包括新基站、回程链路以及核心网。SA 引入了全新网元与接口的同时，还将大规模采用网络虚拟化、软件定义网络等新技术，并与 5G NR 结合，同时其协议开发、网络规划部署及互通互操作所面临的技术挑战将超越 3G 和 4G 系统。

5G 独立组网时，采用端到端的 5G 网络架构，从终端、无线新空口到核心网都采用 5G 相关标准，支持 5G 各类接口，实现 5G 各项功能，提供 5G 类服务。这种方式下，核心网采用 5G NGC，无线系统可以是 5G gNB，也可以是 LTE 基站 eNB（Evolved Node B，eNB）升级后的 eLTE eNB，它们分别对应 Option2 和 Option5。采用 gNB 与 NGC 组网时，对应架构 Option2，它是 5G 网络发展成熟阶段的理想架构，这种架构的最大特点是独立性强，Option2 的组网方式与以往 2G、3G、4G 网络没有任何对接部分，网络采用独立新建方式组网。这种组网方式优点是可以直接对接 5G 接入网元，专网专用，拓扑简洁。将 LTE eNB 升级后的 eLTE eNB 后连接到 5G 核心网，对应架构 Option5。将 LTE eNB 升级后的增强型 4G 基站与 5G 基站相比，在峰值速率、时延、容量等方面依然存在很大差异，并且考虑到后续的优化和演进，增强型 4G 基站也不一定都能支持，因此，Option5 组网架构的前景并不乐观。

独立组网模式的优势在于这种组网方式对现有 2G/3G/4G 网络无影响，也就不影响现网 2G/3G/4G 用户，可快速部署，直接引入 5G 新网元，不依赖于现有 4G 网络，演进路径最短，不需要对现网改造，业务支持能力方面，可使用 5G 核心网能力，支持端到端切片能力，为不同的业务提供差异化的服务，能够实现全部的 5G 新特性，能够支持 5G 网络引入的所有相关新功能和新业务。可支持增强型宽带业务和低时延业务，便于拓展垂直行业。

独立组网模式也存在一定的劣势，5G 频点相对 LTE 较高，初期部署难以实现连续覆盖，尤其是当 NR 未实现连续覆盖时，会存在大量的 NR 与 LTE 系统间切换，语音连续性依赖跨系统切换。需要同时部署 NR 和 5G 基站，初期部署成本相对较高，无法有效利用现有 LTE 基站资源。

8.3.3　非独立部署模式 NSA

非独立组网指的是使用现有的 4G 基础设施，进行 5G 网络的部署。基于 NSA 架构的 5G 载波仅承载用户数据，其控制信令仍通过 4G 网络传输。5G 非独立组网是以 LTE 与 5G 基于双连接技术进行联合组网的方式，也称 LTE 与 5G 之间的紧耦合。

在 LTE 中，采用双连接时，LTE 与 5G 之间的跨系统的双连接较为复杂，且由于核心网和无线网之间的差异，LTE 与 5G 联合组网时，存在多种架构选项。Option3、Option4、Option7、Option8 都是属于非独立组网。

Option3 系列模式以 4G 基站为锚点进行紧耦合部署，核心网沿用 4G 核心网（Evolved Packet Core，EPC）。由于 gNB 无法直接连接到 EPC 上，其用户面通过 4G 基站（Evolved Node B，eNB）与 EPC 间接连接，用户面数据通过 LTE eNB 进行承载分离，eNB 起到与核心网控制面连接锚点的作用，而控制信令都是通过 LTE eNB 下发。Option3 系列分为 Option3、Option3a 和 Option3x 三个选型，关键区别在于数据分流控制点的不同。其中，Option3 模式下用户面和控制面都通过 eNB 连接，而传统的 4G 基站处理能力有限，因此需要将其改造成增强型 4G 基站；Option3a 模式中 5G 基站的用户面直接连接到 4G 核心网，控制面继续锚定于 4G 基站；Option3x 模式中用户面数据分为两部分传输，其中对 4G 基站造成瓶颈的部分迁移到 5G 基站，其余的继续通过 eNB 承载。由以上分析可以看出，Option3x 既避免了对目前已经运行的 4G 基站和 4G 核心网作太多改动，又充分利用了 5G 基站速度快、能力强的优势，因此该模式得到了业界的广泛青睐，成为 5G 非独立组网部署的首选。

Option4/4a 是 NSA 方式，但核心网已经由全新的 5G 核心网替代，gNB 成为 NGC 与 eNB 控制面的锚点。由于核心网是 5G 核心网，此模式下的 4G 基站也需要改造成增强型 4G 基站。Option4 系列分为 Option4 和 Option4a，它们的区别仅在于数据分流控制点是在 5G 基站还是 5G 核心网，并且都不涉及旧设备的升级改造。该系列的应用场景适合在 5G 部署的中后期，5G 已经实现连续覆盖，此时 4G 作为 5G 的补充存在。

Option7 是 NSA 方式，是 Option4 系列的变体，区别在于控制面连接锚点的功能改由 4G 基站承载。在该系列中，核心网已经新建成 5G 核心网，4G 基站为了和 5G 核心网相连，需要升级为增强型 4G 基站。该模式的控制面锚点在 4G 基站侧，适用于早中期 5G 部署的覆盖不连续阶段。此选项下 5G 无线自身的业务能力大大增强，但是覆盖还需要 4G 进行补充。Option7 系列分为 Option7、Option7a 和 Option7x 三个选项，关键区别在于数据分流控制点的不同。其中，Option7 的数据分流点在增强型 4G 基站，Option7a 的数据分流点在 5G 核心网，Option7x 的数据分流点在 5G 基站。

8.3.4　NSA/SA 网络架构对比分析

NSA 和 SA 组网，虽然是各自独立的组网方式，但是从 2G/3G/4G 网络发展来看 5G 网络发展，NSA 和 SA 之间不是孤立的，是相互联系的，它是 5G 网络发展从最初热点覆盖，到最后全面覆盖的不同阶段的组网模式，是螺旋式上升，渐进式发展的过程。NSA 与 SA 网络架构在业务能力、语音能力、4G/5G 组网灵活度、基本性能等各方面都有各自的优势和不足，二者之间的对比见表 8-11。

表 8-11　NSA 与 SA 网络架构对比

对 比 维 度		NSA	SA
业务能力		仅支持大带宽业务	较优：支持大带宽和低时延业务，便于拓展垂直行业
4G/5G 组网灵活度		较差：异厂商分流性能可能不理想	较优：可异厂商
语音能力	方案	4G VoLTE	Vo5G 或者回落至 4G VoLTE
	性能	同 4G	Vo5G 性能取决于 5G 覆盖水平，VoLTE 性能同 4G
基本性能	终端吞吐量	下行峰值速率优（4G/5G 双连接，NSA 比 SA 优 7%）；上行边缘速率优（尤其是 FDD 为锚定时）	上行峰值速率优（终端 5G 双发，SA 比 NSA 优 87%）；上行边缘速率低（后续可增强）
	覆盖性能	同 4G	初期 5G 连续覆盖挑战大
	业务连续性	较优：同 4G，不涉及 4G/5G 系统间切换	略差：初期未连续覆盖时，4G/5G 系统间切换多

对 比 维 度		NSA	SA
对4G现网改造	无线网	改造较大且未来升级SA不能复用，存在二次改造	改造较小：4G升级支持与5G互操作，配置5G邻区
	核心网	改造较小：方案一升级支持5G接入，需扩容；方案二新建虚拟化设备，可升级支持5G新核心网	改造小：升级支持与5G互操作
5G实施难度	无线网	难度较小：新建5G基站，与4G基站连接；连续覆盖压力小，邻区参数配置少	难度较大：新建5G基站，配置4G邻区；连续覆盖压力大
	核心网	不涉及	难度较大：新建5G核心网，需与4G进行网络、业务、计费、网管等融合

【知识总结】

随着5G产业链的逐步成熟，行业应用的逐步拓宽，应用深度的逐步加深，作为5G基础设施的核心，5G核心网必将在改变社会的5G发展潮流中扮演越来越重要的作用，这种改变正在发生。独立部署和非独立部署是5G网络引入初期必须考虑的关键问题，是直接建设独立的5G网络，还是借助LTE进行联合组网，是运营商必须面对的问题。因此，需要通过NSA和SA的全面的分析对比，从业务、覆盖、终端、网络架构、现网升级、后续迁移等多方面进行考虑，选择适合自己的模式，才能够更有效地控制成本、提升网络性能，为客户提供良好的网络体验。

8.4 本 章 小 结

依据通信原理的知识，无线通信的业务模块主要包括数字基带传输系统和数字频带传输系统，这两个业务模块是无线通信的核心部分。而5G基站中的BBU是基带单元，主要处理数字基带信号，而AAU是射频单元，主要处理数字频带信号，可见基站在通信系统的地位是相当重要的。本章重点介绍了BBU和RRU的逻辑结构和设备结构，为后续基站开通、维护及故障处理提供了指导依据。

8.5 思考与练习

A 选择题

(1) 5G BBU采用直流供电时，电压不满足要求的是（　　）。

A. DC−26V　　　B. DC−36V　　　C. DC−46V　　　D. DC−56V

(2) 5G基站设备BBU包括多个插槽，可以配置不同功能的单板，以下哪些属于BBU内可以引用的单板（　　）。

A. 环境监控板　　B. 基带板　　　　C. 电源模块　　　D. 以上都是

（3）以下单板不属于（　　）BBU V 9200 的必选单板。

A. VSW　　　　　B. VGC　　　　　C. VPD　　　　　D. VFC

（4）关于 Option3x 组网方案的分流描述，以下哪一项是正确的？（　　）

A. 数据从 gNB 侧进行分流

B. 基于承载进行分流

C. 数据从 eNB 侧进行分流

D. EPC 直接数据分流

（5）对 SA 组网的描述中，以下不正确的是（　　）。

A. 需要部署 NGC 而且部署周期较长

B. 能够支持 uRLLC 等新业务

C. 5G 基站不需要 4G 基站辅助

D. 在 5G 部署初期投入较少

（6）关于 Option3 系列组网架构的特点描述中，以下不正确的是（　　）。

A. 数据都从 eNB 侧进行分流

B. 信令面是通过 LTE 侧传递

C. NR 侧只承载业务面

D. 网络采用非双连接组网

（7）对 NSA 组网的描述中，以下正确的是（　　）。

A. 基于现存的 4G 网络部署

B. 在 5G 部署初期投入较多

C. 能够支持 uRLLC 等新业务

D. 5G 的基站需要连续覆盖

（8）NSA 组网需要以下哪种制式的基站为控制信令锚点接入核心网？（　　）

A. TD-SCDMA　　B. UMTS　　　　C. GSM　　　　　D. LTE

B　判断题

（1）NSA 组网选项 Option3a 架构中数据从 EPC 进行分流。　　　　　　（　　）

（2）NSA 组网场景下的 5G 基站覆盖必须要连续覆盖。　　　　　　　　（　　）

（3）NSA 组网架构中，NR 没有独立存在的控制面，只支持用户面。　　（　　）

（4）SA 组网架构能支持 5G 的全业务场景。　　　　　　　　　　　　　（　　）

（5）运营商选择 NSA 组网还是 SA 组网的关键因素包括技术成熟度、终端设备、存量网络设备以及投资回报率等几个方面。　　　　　　　　　　　　　　　　　（　　）

（6）SA 组网架构中组成部分包括 EPC、NR、LTE、NGC 等几项。　　　（　　）

C　简答题

（1）请对比分析 NSA 和 SA 组网的差异点及优缺点。

（2）CU 的主要功能是什么？

（3）CU/DU 分离结构和 CU/DU 一体化结构的主要区别是什么？

（4）简述华为 BBU5900 必配的单板有哪些，各单板有哪些功能？

（5）华为 RRU3971 面板中 VSWR 有哪几种状态指示灯？各状态有什么含义？

9 5G 基站安装配置

【背景引入】

（1）5G 基站建设数量。

5G 牌照发放于 2019 年 6 月，2019 年底我国共建成 5G 基站超 13 万个；运营商在 2020 年是快速进行 5G 基站建设的一年，国内华为、中兴等通信设备商完成了大量的 5G 基站建设，到 2020 年年底，我国 5G 基站数约 70 万个，5G 套餐用户可能达到 2 个亿，实现全国所有地级市室外的 5G 连续覆盖、县城及乡镇重点覆盖、重点场景室内覆盖。

而 2021~2023 年将是 5G 网络的主要投资期，综合 5G 频谱及相应覆盖增强方案，测算未来十年国内 5G 宏基站数量约为 4G 基站的 1.2 倍，大约在 600 万个基站左右。而微站或者室分基站方面，宏站站址建设难度较大且市场较为饱和，同时 5G 频率更高理论上覆盖空洞更多，因此宏基站无法完全满足 eMBB 场景的需求，需要大量微站对局部热点高容量的地区进行补盲，预测微站数量可达千万级别。

（2）5G 基站建设成本。

5G 网络设备最大的资本支出是基站，5G 网络资本支出较 4G 增长的主要原因是部署的基站数量更多和初始基站成本更高。5G 基站比 4G 基站的天线通道大幅增加，导致 5G 单基站价格较高，根据相关的研究院数据，投资初期 5G 宏基站价格在 25 万/个，随着产业链逐步成熟，后期价格逐步降低，预计 5G 宏基站单价平均 14 万/个。以此价格进行计算，预计 2020~2025 年中国 5G 基站市场空间共计将超过 7700 亿元。

（3）5G 基站建设与维护的岗位分析。

如此庞大的 5G 基站建设量，将带来大量的基站建设与维护工作岗位，其工作内容主要体现在这些方面：5G 基站硬件安装，包括基站安装和配套设备安装；基站数据配置及调试；基站开通与上线操作。

本章结合基站建设与维护的需求，对 5G 基站的建设与运维内容进行详细分析，将基站建设中的关键知识点应用到实际操作中。本章内容结构如图 9-1 所示。

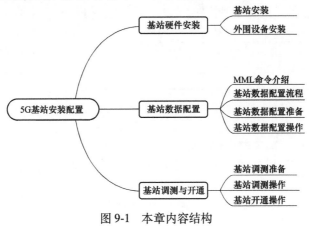

图 9-1 本章内容结构

9.1　基站硬件安装

【提出问题】

5G 基站建设总量非常大，而且基站硬件安装的效果直接影响到性能和后续维护工作量。为此，通信设备厂家在基站硬件安装方面也做了很多的准备工作，包括：制定基站安装规范，采用相关工具安装，培训工程师的操作技能，安排现场督导，制定验收规范等。基站硬件安装需要解答以下问题：

（1）基站硬件安装流程是什么？

（2）基站硬件安装包括哪些内容？

（3）如何规范地安装 5G 基站？

【知识解答】

扫一扫查看基站
硬件安装操作方法

在基站硬件安装之前，先介绍基站的硬件架构图和安装流程：

（1）5G 基站连线如图 9-2 所示。

图中可以看出有以下几类线路：

1）电源线路：直流电源配电箱给 BBU 机框的配电箱供电，BBU 配电箱给 BBU 和 AAU 设备供电。

2）信号线路：外部传输柜通过传输线缆将核心网设备与 BBU 相

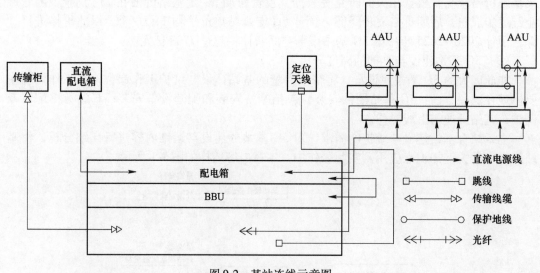

图 9-2　基站连线示意图

连，BBU 再通过光纤与 AAU 设备相连。

3）其他线路：BBU 机框通过跳线或者馈线与 GPS 定位天线相连；AAU 设备通过保护地线接地。

（2）基站安装流程如图 9-3 所示。5G 基站与 4G 基站安装的流程几乎一样，包括设备安装和线路连接。设备安装包括基站设备安装（包括 BBU 和 AAU）和外围设备安装（包括电源系统和 GPS）；而线路连接则分为强电线（电源线和保护地线）连接和弱电线（传输线缆、光纤、跳线和馈线）连接，强电线和弱电线要分开布线，主要是考虑到强电线的电磁场对弱电线信号质量的影响。

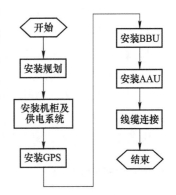

图 9-3　基站安装流程

9.1.1　基站安装

（1）安装 BBU。

BBU 机框和密码箱大小差不多，宽度和深度都是标准的尺寸，不同厂家的 BBU 在高度上可能有些不一样，但都可以安装在 600mm×600mm×2200mm 的标准机柜内。图 9-4 是华为的 BBU 框。

图 9-4　华为 BBU 机框

BBU 的安装步骤如下所述。

1）将机柜搬运放置在机房指定安装位置，注意柜体垂直度，机柜正面/背面与柜顶走线架保持水平；安装柜体时，可先将前后柜门拆卸下来。

2）使用自攻螺钉，将机柜底部固定在机房地板上。

3）将机柜内 BBU 机框安装位置后侧的走线槽拆除，便于 BBU 机框的安装。

4）将 BBU 机框插入机柜指定位置的托架上（一般在机柜中下部），使其两侧耳部紧靠机柜两侧的固定筋。

5）在机柜两侧固定筋的对应位置，安装浮动螺母，并用相匹配的螺钉固定 BBU 机框。

6）拆卸假面板：拇指按住面板边上的按钮，向外侧扳动扳手使模块连接器脱开，然后平缓向外拉出假面板即可。

7）插入单板：装入前确认模块前面板扳手处于脱开状态，将单板对准指定槽位，平放向前平缓推入，当扳手支角与插箱接触时，将扳手向内侧扳动，直到蓝色按钮自动扣住为止。

此时的 BBU 机框安装完成。

（2）安装 AAU。

AAU 的安装过程如下所述。

1）安装准备：拆分安装支架，并用工具检查安装支架是否紧固到位。

2）使用螺栓组合件将安装支架的设备紧固件和安装支架固定到整机上。

3）将安装支架的角度调节件安装至设备紧固件上。

4）根据需求调整下倾角度，并紧固角度调整螺钉。

5）吊装整机上抱杆，通过牵引绳牵引设备紧靠安装位置。

6）将长螺栓以及平垫、弹垫穿过上、下安装支架，将整机固定在抱杆上。

设备安装好之后如图 9-5 所示。

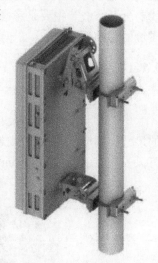

图 9-5　已安装的 AAU

9.1.2　外围设备安装

（1）安装 GPS。

1）根据设计文件确定 GPS 安装位置。

注意不要受移动通信天线正面主瓣近距离辐射，不要位于微波天线的微波信号下方，高压电缆下方以及电视发射塔的强辐射下。屋顶上装 GPS 蘑菇头时，安装位置应高于屋面 30cm。从防雷的角度考虑，安装位置应尽量选择楼顶的中央，尽量不要安装在楼顶四周的矮墙上，一定不要安装在楼顶的角上，楼顶的角最易遭到雷击。当站型为铁塔站时，应将天线安装在机房屋顶上，若屋顶上没有合理安装位置而要将 GPS 天线在铁塔上时，应选择将 GPS 天线安装在塔南面并距离塔底 5~10m 处，不能将 GPS 天线安装在铁塔平台上；GPS 抱杆离塔身不小于 1.5m。

GPS 馈线推荐选用 1/4″馈线，最长可支持 120m；GPS 馈线长度大于 120m 时，按长度增配功率放大器。确定安装位置时需考虑 GPS 馈线长度，具体选择方法可以参考相关的资料。

2）安装 GPS 天线。

将馈线穿进不锈钢抱杆。

在 GPS 馈线上安装上 N 型直式公头；将 N 型直式公头拧紧到 GPS 天线上。

必须按照"1+1+1"做 N 型直式公头接头处的防水处理，目的是保证接头金属裸露部位的防腐蚀防锈防水。

将不锈钢抱杆拧紧至 GPS 蘑菇头，连接处必须做"1+3+3"防水处理，在防水处最外层绝缘胶带上下两端用黑色扎带绑扎。

通过安装件将 GPS 天线进行抱杆安装或挂墙安装，不锈钢抱杆下部管口与馈线连接处严禁做防水处理。

3）GPS 馈线室外走线。

GPS 馈线在室外走线架走线时要求走线平直、无交叉，采用 GPS 馈线 2 联固定卡固定；无走线架时用膨胀螺钉打入墙体，用馈线卡固定或用金属卡固定。

GPS 馈线布放：BBU 机框的两块主控板均需要接入 GPS 信号，所以 GPS 避雷器型号为 1 分 2，输入 1 路 N 型馈线接口，输出 2 路 SMA 跳线接口。

以下安装步骤使用 1 路 SMA 示意：

在走线导风插箱上安装 GPS 避雷器，注意图中避雷器的方位，3 个安装圈不得缺漏；

将走线导风插箱插入 BBU 机框，固定紧螺钉，无松动现象。

4）将 GPS 避雷器跳线的另一端 SMA 直头拧紧到 VSW 单板的 REF 接口上。

5）将 GPS 馈线通过 1/4″N 型弯式公头连接到 GPS 避雷器的馈线接口上；馈线接头需要套黑色热缩套管 5cm，并热缩。

如果使用 1 分 2 避雷器，则 1/4″馈线拉远不得超过 100m。

（2）安装电源。

直流电源分配单元安装：基站设备一般为直流受电设备，当机房采用直流供电时，须配置一台直流电源分配单元进行直流电源的引入和分配。直流电源分配单元尽量与 BBU 同机柜安装，将直流电源分配单元插入机柜指定位置的托架上，拧紧两侧的紧固螺钉；注意直流电源分配单元有开关的一面是正面，朝向机柜正面，有接线柱的一面是背面，朝向机柜背面；将从配电柜引入 BBU 机柜的 3 路蓝色和黑色电源线接入到直流电源分配单元背面左侧的 3 组电源输入端子上；使用黄绿色多股铜导线连接直流电源分配单元背面最左端的接地点到机柜顶部的接地点；使用黄绿色多股铜导线连接机柜顶部的接地点到机房室内汇流排或者室内接地铜排；完成机柜接地以及柜内直流电源分配单元的保护接地。注意所有电源线以及接地线缆接头要事先压接对应型号铜鼻子和同色热缩套管。

BBU 供电和接地：BBU 接电源线时，确保所有电源模块开关处于关闭位置。先将电源模块上半部分的盖板由右侧蓝色指示位置抠开，即可看到内部的电源接线柱；将装有定制铜鼻子的电源线安装到电源模块的接线柱上，注意蓝色-48V 电源线安装到下部，黑色-48V RTN 电源线安装到上部。拧紧固定螺钉，盖好盖板。将电源线的另一端压接好方形铜鼻子，接到直流电源分配单元背面的接线柱上；接地点在机框正面右侧耳下方，有接地标识。使用黄绿色多股铜导线，接地线铜鼻子用螺钉固定在接地点上，远端与机顶接地点相连。

AAU 供电和接地：默认使用铜导线给 AAU 供电，最大供电距离 85m；另外在 AAU 近端还需要使用空开接线盒进行线缆的转接。

将带屏蔽层户外 2 芯电源线缆拨开，并压接管状端子；拧松电源接头尾部的螺母，按压电源接头侧面的塑料簧片，取出电源连接器内芯；将电源线穿过接头外壳，线芯插入连接器内芯的对应接孔，上紧螺钉；将压线夹压紧线缆裸露的屏蔽层；将连接器外壳与内芯扣紧，拧紧尾部的螺母，电源线接头制作完毕；将 AAU 电源接口保护盖的扳手扳到垂直方向，并退下电源接口保护盖；向后拨动电源线缆连接器的扳手锁扣，将电源线缆连接器的扳手扳到垂直方向；将电源线缆连接器插入 AAU 的电源接口，并扳下扳手至扳手锁紧；通过螺钉拧紧之后，再完成 AAU 的接地连接。

（3）线缆连接。

光纤连接：先安装光模块，BBU 信道板的光口通过光纤连接到 AAU 的光口；馈线连接：GPS 通过馈线连接 BBU 基站。线缆连接示意图如图 9-6 所示。

【知识总结】

5G 基站安装与 4G 基站安装有很多的相似之处，所以基本上可以沿用 4G 基站的安装方法进行安装。5G 基站安装分为两部分：基站主体设备安装，包括 BBU 机框和 AAU 设备安装；外围设备安装，包括 GPS 安装、电源单元安装和线缆连接。这些模块的安装都要遵循安装操作规范，并且都有相应的安装流程，只有通过实体设备的安装操作之后，才能掌握这部分的安装技能。

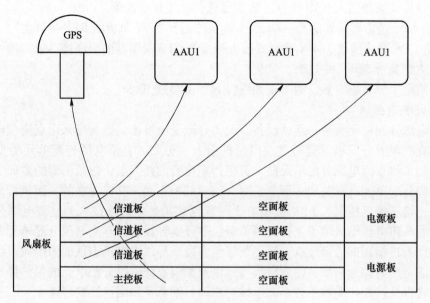

图 9-6　线缆连接示意图

9.2　基站数据配置

【提出问题】

5G 基站在完成硬件安装之后，可以加载相应单板的软件版本了；我们知道，5G 基站可以实现超低时延、超高速率及超大规模连接，那如何让 5G 基站执行这些功能呢？这就需要对 5G 基站进行相应的数据配置，让 5G 基站按照数据配置的内容执行相应的场景及功能。基站数据配置的流程是什么？涉及的内容有哪些？

【知识解答】

每个通信设备商的基站数据配置命令可能有差别，但是数据规划和配置流程是相同的，这样就可以找到 5G 基站数据配置的通用方法。华为在 5G 网络方面有很多优势，而且在 5G 市场有很高的占有率。本小节将以华为的 5G 基站配置为例，介绍独立组网（SA）模式下，基站数据配置流程、准备工作及具体操作。

9.2.1　MML 命令介绍

扫一扫查看
MML 命令介绍

如果用过 Linux 操作系统，应该对操作命令比较熟悉了。一般进入 Linux 系统后，见到的就是一块"黑白"，然后光标一闪一闪的，频率大概是一秒闪一次，提示你要了解系统或者使用系统的话，则需要输入相应的命令，命令包括操作类型、选项及参数，操作类型表示想做什么操作，参数是指操作的对象，而选项则是调整操作执行行为的开关。MML 命令与 Linux 命令的思想是相同的，MML 也被称作为"慢慢来"

命令，真正含义是人和机器通信用的语言。有人可能觉得 Linux 界面不友好，相比 Windows 系统来说，操作不方便。其实这是对 Linux 的一种误解，如果长期维护 Linux 系统，熟悉 Linux 命令之后，可以将 Linux 命令集写成脚本，而且远程执行脚本非常方便。同样，如果对 MML 命令很熟悉，可以将 MML 命令集做成操作脚本，并且远程执行 MML 脚本文件完成基站配置，通信行业称为"远程批量"开站。

MML 命令由操作类型、操作对象和参数选项组成。

（1）操作类型：主要的操作类型见表 9-1，其他厂家的 MML 命令也是类似的。

表 9-1　MML 命令的操作类型

操作类型	含　义	操作类型	含　义
ADD	增加	ACT	激活
DSP	查询状态	RST	复位
LST	查询配置	BKP	备份
RMV	删除	MOD	修改
BLK	闭塞	UBL	解闭塞
SET	设置	DEA	去激活

（2）操作对象：主要包括告警信息、设备硬件资源、系统信息、传输资源以及无线资源。

（3）参数选项：可选项。MML 命令所配置的参数，即 MML 界面上的输入参数介绍。MML 命令所配置的参数分为两类：MO 参数和非 MO 参数。MO 代表一种资源，该资源可以是物理实体如"机柜"，也可以是逻辑实体或协议对象如"无线邻区关系"。无论是物理实体资源还是逻辑实体资源，与之相关联的参数，叫作 MO 参数。与 MO 不相关仅用于 MML 操作的一些参数，叫作非 MO 参数。

9.2.2　5G 基站数据配置流程

扫一扫查看 5G
基站数据配置流程

在整体配置流程上，gNodeB 和 eNodeB 基本相同。但是，5G 在无线侧引入了 CU/DU 分离的概念，同时，整个 IP 传输网络在 5C 时代引入了 IPv6 技术。因此，在具体的配置细节上，gNodeB 的配置方式与 eNodeB 有很多不同之处。图 9-7 是 gNodeB 基站的数据配置流程：

配置流程的详细说明如下所述。

（1）初始化配置：清理基站中默认的原始配置及数据。

（2）配置全局数据：配置基站的应用类型、运营商信息、跟踪区信息和工程模式等全局参数。

（3）配置设备数据：配置基站的机柜、BBU 框、单板、射频、时钟和时间源等硬件参数。

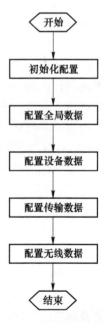

图 9-7　gNodeB 基站
的数据配置流程

（4）配置传输数据：配置基站的底层传输信息及操作维护链路、X2/Xn 链路、S1/NG 链路、IP 时钟链路等传输参数。

（5）配置无线数据：配置基站的扇区、小区、邻区、载频等无线参数。

9.2.3　5G 基站数据配置准备

A　硬件准备

在进行基站数据配置之前，先要完成以下基本的硬件条件：按照基站开通任务通知单确认需要开通的基站硬件安装和线路安装是否满足条件，同时准备相关工具和设备，确保上述硬件没有问题之后，再对设备进行上电调测。

扫一扫查看 5G
基站数据配置准备

B　软件准备

和之前的基站开通方式一样，gNodeB 数据配置方式也有两种：一种是单站开站方式，即在近端连接后，通过 MML 命令对单个基站进行开通配置。适用的场景包括：单站测试、升级或者维护。另一种是批量开站方式，即使用网管模块进行远端控制，批量下发配置脚本到所有基站，完成基站配置。适用的场景包括：新基站上线、商用批量升级等。不论是哪种数据配置方式，都需要对 5G 基站站点进行数据规划，不同场景下的规划内容请参考 9.2.4 节的基站数据配置操作。

完成数据规划之后，则需要准备开通站点的工具，包括以下两类：

（1）单个基站开通工具。

通过近端维护平台 LMT，采用 MML 命令逐条或者脚本方式对单个 gNodeB 基站进行数据配置，配置过程需注意必填参数和选填参数的区别。

（2）批量基站开通工具。

使用相应的网管平台进行批量配置 gNodeB。使用批量配置工具创建配置信息表，然后通过该表完成批量配置 gNodeB。

商用局基站开通多采用批量基站开通工具，因为自动化程度高，开站效率方面有明显的优势。而在对于实训教学，单个基站开通的方式更有利于学习者掌握开站的具体流程和方式。接下来的基站数据配置操作以单个基站开通工具为例进行介绍。

C　基础知识

关于基站的配置，有几个重要的概念：站点、扇区、载频和小区。

（1）站点（site）：指具体的一个基站站；从地理位置上说，就是一个站址；从数据配置上说，就是一个网元（gNodeB）。

（2）扇区（Sector）：扇区是指覆盖一定地理区域的无线覆盖区，是对无线覆盖区域的划分。也就是说，扇区是地理上的定义，一个宏站基站通常会打出三片扇区，但并不代表就只有三个小区，因为小区和载波有关系，就比如在同一个扇区上，用载波 1 的是一个小区（小区 1），用载波 2 的又是一个小区（小区 2），所以有时候两个小区可能对应着同一个扇区。

（3）载频（Carrier）：支持一个频点带宽的资源，不同制式有不同带宽、不同容量。

（4）小区：为用户提供无线通信业务的一片区域，是无线网络的基本组成单位。基站支持的小区数 = 扇区数×每扇区载频数。在 3×2 配置中，整个圆形区域分为 3 个扇区

（Sector 0/1/2）进行覆盖、每扇区使用 2 个载频（Frequency1/2），共 6 个小区。

比如 S111+S111 场景中，代表有两个 gNodeB 站点，每个 gNodeB 站点的配置是：包含 3 个扇区，每扇区有 1 个载频，一共有三个小区。图 9-8 是这种场景的示意图。

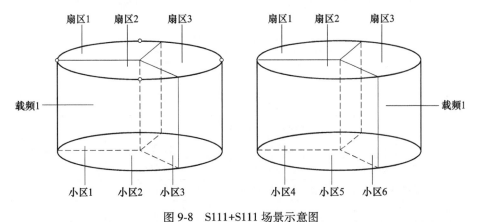

图 9-8　S111+S111 场景示意图

9.2.4　5G 基站数据配置操作

随着 5G 试验网络开展，5G 基站系统通道数的增加并未提升单用户的感知，其作用主要是增加多用户的接入容量，但同时也增加了建网投资成本。在实际的应用场景，如室外密集热点场景、广域覆盖场景、室内分布场景、交通干线和隧道场景，它们在覆盖和容量

扫一扫查看 5G 基站
数据配置操作之一
——宏站单站模式

上的需求都是有差异的。可见不同的 5G 基站，其工作环境和覆盖场景是不一致的，主要包括两种基站：室外宏基站（简称宏站）和室内分布式基站（简称室分）。接下来我们介绍四种典型基站配置场景：宏站单站、宏站双站、室分单站和室分双站。

A　宏站单站场景-S111

（1）网络拓扑规划如图 9-9 所示。

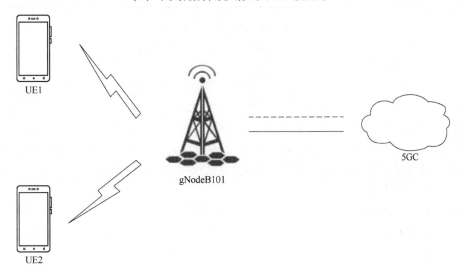

图 9-9　宏站单站场景拓扑图

（2）参数规划。

参数规划包括基站参数规划和终端参数规划，宏站单站的 S111 场景表示三个扇区一个载频，三个扇区标识分别为 101/102/103，载频频段都是 N78，具体规划见表 9-2 和表 9-3。

表 9-2　基站参数规划

	基站名称	基站标识长度	基站标识	移动国家码
全局数据	gNodeB101	22	101	460
	移动网络码	运营商信息	跟踪区码	NR 架构选择
	88	PRIMARY_OPEATOR	101	SA
设备数据	基站名称	基站类型	协议类型	传输端口
	gNodeB101	DBS5900 5G	ECPRI	YGE1
	射频类型	指定的参考时钟源	时钟工作模式	GPS 工作模式
	AAU	无	自动	BDS
传输数据	基站名称	配置模式	端口号	端口属性
	gNodeB101	老模式	1	FIBER
	速率	双工模式	VLAN 标识	业务 IP
	10G	全双工	101	192.168.101.2
无线数据	基站名称	扇区标识	扇区设备标识	天线配置方式
	gNodeB101	101	101	
		102	102	BEAM
		103	103	
	NR DU 小区标识	NR DU 小区名称	双工模式	小区标识
	101	gNB101CELL_1		101
	102	gNB101CELL_2	CELL_TDD	102
	103	gNB101CELL_3		103

表 9-3　终端参数规划

	设备名称	SUPI	GPSI	频　段
终端数据	UE1	460888888880001	18888880001	N78
	UE2	460888888880002	18888880002	N78

（3）宏站单站的连线：BBU 机框中的信道板 UBBP 的三个通道，通过光纤分别与 AAU 相连；而主控板 UMPT 通过光纤与光纤交换机相连，主要是为了通过传输通道连接到核心网；另外通过馈线与 GPS 相连，连接示意图如图 9-10 所示。

（4）数据配置操作。

数据配置通过执行 MML 命令完成，虽然不同厂家的 MML 命令有些区别，但是都可以参考图 9-7 的基站数据配置流程。流程分为以下四个模块，而且配置是有先后顺序的，接下来以华为的 MML 命令完成 5G 宏站单站场景下的基站数据配置。

模块一：全局数据配置如图 9-11 所示。

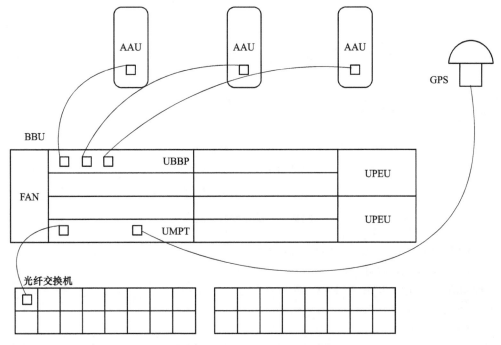

图 9-10 宏站单站的连线示意图

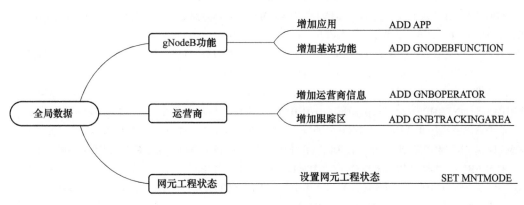

图 9-11 全局数据配置

全局数据的 MML 脚本配置示例：

ADD GNODEBFUNCTION：gNodeBFunctionName = " gNodeB101" ，ReferencedApplicationId = 1 ，gNBId = 101 ；

ADD GNBOPERATOR：OperatorId = 0，OperatorName = " SIMPLETEST" ，Mcc = " 460" ，Mnc = " 88" ，NrNet-workingOption = SA ；

ADD GNBTRACKINGAREA：TrackingAreaId = 0，Tac = 101 ；

SET MNTMODE：MNTMODE = TESTING，ST = 2000&01&01&00&00&00，ET = 2037&12&31&23&59&59 ；

模块二：设备数据配置如图 9-12 所示。

设备数据的 MML 脚本配置示例：

ADD CABINET：CN = 0，TYPE = VIRTUAL ；

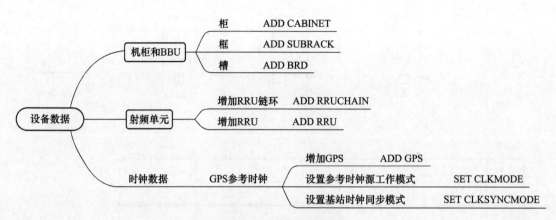

图 9-12　设备数据配置

ADD SUBRACK：CN＝0,SRN＝0,TYPE＝BBU5900；

ADD BRD：SN＝6,BT＝UMPT；

ADD BRD：SN＝0,BT＝UBBP,BBWS＝NR-1；

ADD BRD：SN＝16,BT＝FAN；

ADD BRD：SN＝19,BT＝UPEU；

ADD RRUCHAIN：RCN＝0,TT＝CHAIN,BM＝COLD,AT＝LOCALPORT,HSRN＝0,HSN＝0,HPN＝0,PROTOCOL＝eCPRI,CR＝AUTO,USERDEFRATENEGOSW＝OFF；

ADD RRUCHAIN：RCN＝1,TT＝CHAIN,BM＝COLD,AT＝LOCALPORT,HSRN＝0,HSN＝0,HPN＝1,PROTOCOL＝eCPRI,CR＝AUTO,USERDEFRATENEGOSW＝OFF；

ADD RRUCHAIN：RCN＝2,TT＝CHAIN,BM＝COLD,AT＝LOCALPORT,HSRN＝0,HSN＝0,HPN＝2,PROTOCOL＝eCPRI,CR＝AUTO,USERDEFRATENEGOSW＝OFF；

ADD RRU：CN＝0,SRN＝60,SN＝0,TP＝TRUNK,RCN＝0,PS＝0,RT＝AIRU,RS＝NO,RXNUM＝0,TXNUM＝0,MNTMODE＝NORMAL,RFDCPWROFFALMDETECTSW＝OFF,RFTXSIGNDETECTSW＝OFF；

ADD RRU：CN＝0,SRN＝61,SN＝0,TP＝TRUNK,RCN＝1,PS＝0,RT＝AIRU,RS＝NO,RXNUM＝0,TXNUM＝0,MNTMODE＝NORMAL,RFDCPWROFFALMDETECTSW＝OFF,RFTXSIGNDETECTSW＝OFF；

ADD RRU：CN＝0,SRN＝62,SN＝0,TP＝TRUNK,RCN＝2,PS＝0,RT＝AIRU,RS＝NO,RXNUM＝0,TXNUM＝0,MNTMODE＝NORMAL,RFDCPWROFFALMDETECTSW＝OFF,RFTXSIGNDETECTSW＝OFF；

ADD GPS：SRN＝0,SN＝6,MODE＝BDS；

SET CLKMODE：MODE＝MANUAL,CLKSRC＝GPS,SRCNO＝0；

SET CLKSYNCMODE：CLKSYNCMODE＝TIME；

模块三：传输数据配置（老模式）。

传输数据配置是基站配置的难点，这里讲述采用老模式的配置方法，如图 9-13 所示。配置说明如下所述。

1）配置物理层数据：主要完成全局传输参数、以太网端口属性等物理层参数配置。

2）配置数据链路层数据：主要完成 Interface、虚拟局域网（VLAN）等数据链路层参数配置。

3）配置网络层数据：主要完成 IP 地址、路由信息等网络层参数配置。

4）配置传输层数据：主要完成端节点组、控制面和用户面的端节点等传输层参数配置。

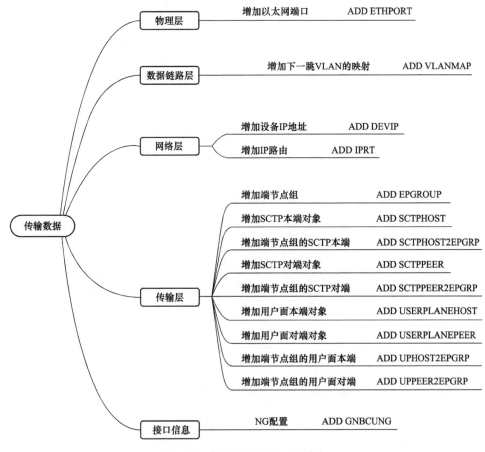

图 9-13　传输数据配置（老模式）

5）配置应用层数据：主要完成 NG 接口配置。

传输数据的 MML 脚本配置示例：

ADD ETHPORT：CN＝0，SRN＝0，SN＝6，SBT＝BASE_BOARD，PN＝1，PORTID＝4294967295，PA＝FIBER，MTU＝1500，SPEED＝10G，DUPLEX＝FULL，ARPPROXY＝DISABLE，FC＝OPEN，FERAT＝10，FERDT＝8，RXBCPKTALMOCRTHD＝1500，RXBCPKTALMCLRTHD＝1200，FIBERSPEEDMATCH＝DISABLE；

ADD DEVIP：CN＝0，SRN＝0，SN＝6，SBT＝BASE_BOARD，PT＝ETH，PN＝1，VRFIDX＝0，IP＝"192.168.101.2"，MASK＝"255.255.255.192"；

ADD IPRT：RTIDX＝0，CN＝0，SRN＝0，SN＝6，SBT＝BASE_BOARD，VRFIDX＝0，DSTIP＝"10.10.10.0"，DSTMASK＝"255.255.255.0"，RTTYPE＝NEXTHOP，NEXTHOP＝"192.168.101.1"，MTUSWITCH＝OFF，PREF＝60，FORCEEXECUTE＝NO；

ADD VLANMAP：VRFIDX＝0，NEXTHOPIP＝"192.168.101.1"，MASK＝"255.255.255.192"，VLAN-MODE＝SINGLEVLAN，VLANID＝101，SETPRIO＝DISABLE，FORCEEXECUTE＝NO；

ADD EPGROUP：EPGROUPID＝0，USERLABEL＝"NG"，STATICCHK＝ENABLE，IPPMSWITCH＝DISABLE，APPTYPE＝NULL；

ADD SCTPHOST：SCTPHOSTID＝0，IPVERSION＝IPv4，SIGIP1V4＝"192.168.101.2"，SIGIP1SECSWITCH＝DISABLE，SIGIP2V4＝"0.0.0.0"，SIGIP2SECSWITCH＝DISABLE，PN＝38412，SIMPLEMODESWITCH＝SIMPLE_MODE_OFF，SCTPTEMPLATEID＝0；

ADD SCTPPEER：SCTPPEERID = 0,IPVERSION = IPv4,SIGIP1V4 = "10. 10. 10. 10",SIGIP1SECSWITCH = DISABLE,SIGIP2V4 = "0. 0. 0. 0",SIGIP2SECSWITCH = DISABLE,PN = 38412,SIMPLEMODESWITCH = SIMPLE_MODE_OFF；

ADD USERPLANEHOST：UPHOSTID = 0,IPVERSION = IPv4,LOCIPV4 = "192. 168. 101. 2",IPSECSWITCH = DISABLE；

ADD USERPLANEPEER：UPPEERID = 0,IPVERSION = IPv4,PEERIPV4 = "10. 10. 10. 20",IPSECSWITCH = DISABLE；

ADD SCTPHOST2EPGRP：EPGROUPID = 0,SCTPHOSTID = 0；

ADD SCTPPEER2EPGRP：EPGROUPID = 0,SCTPPEERID = 0；

ADD UPHOST2EPGRP：EPGROUPID = 0,UPHOSTID = 0；

ADD UPPEER2EPGRP：EPGROUPID = 0,UPPEERID = 0；

ADD GNBCUNG：gNBCuNgId = 0,CpEpGroupId = 0,UpEpGroupId = 0；

模块四：无线数据配置如图 9-14 所示。

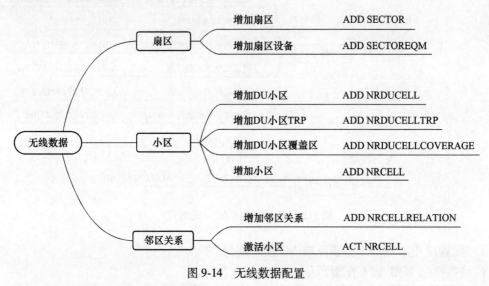

图 9-14　无线数据配置

无线数据的 MML 脚本配置示例：

ADD SECTOR：SECTORID = 101,SECNAME = "SEC0",ANTNUM = 0,CREATESECTOREQM = FALSE；

ADD SECTOR：SECTORID = 102,SECNAME = "SEC0",ANTNUM = 0,CREATESECTOREQM = FALSE；

ADD SECTOR：SECTORID = 103,SECNAME = "SEC0",ANTNUM = 0,CREATESECTOREQM = FALSE；

ADD SECTOREQM：SECTOREQMID = 101,SECTORID = 101,ANTCFGMODE = BEAM,RRUCN = 0,RRUSRN = 60,RRUSN = 0,BEAMSHAPE = SEC _ 120DEG,BEAMLAYERSPLIT = None,BEAMAZIMUTHOFFSET = None；

ADD SECTOREQM：SECTOREQMID = 102,SECTORID = 102,ANTCFGMODE = BEAM,RRUCN = 0,RRUSRN = 61,RRUSN = 0,BEAMSHAPE = SEC _ 120DEG,BEAMLAYERSPLIT = None,BEAMAZIMUTHOFFSET = None；

ADD SECTOREQM：SECTOREQMID = 103,SECTORID = 103,ANTCFGMODE = BEAM,RRUCN = 0,RRUSRN = 62,RRUSN = 0,BEAMSHAPE = SEC _ 120DEG,BEAMLAYERSPLIT = None,BEAMAZIMUTHOFFSET = None；

ADD NRDUCELL：NrDuCellId = 101,NrDuCellName = "NRDUCELL1",DuplexMode = CELL_TDD,CellId =

101, PhysicalCellId = 101, FrequencyBand = N78, DlNarfcn = 630000, UlBandwidth = CELL _ BW _ 100M, DlBandwidth = CELL _ BW _ 100M, SlotAssignment = 4 _ 1 _ DDDSU, SlotStructure = SS2, TrackingAreaId = 0, SsbFreqPos = 7812, LogicalRootSequenceIndex = 101;

ADD NRDUCELL: NrDuCellId = 102, NrDuCellName = " NRDUCELL2", DuplexMode = CELL_TDD, CellId = 102, PhysicalCellId = 102, FrequencyBand = N78, DlNarfcn = 630000, UlBandwidth = CELL _ BW _ 100M, DlBandwidth = CELL _ BW _ 100M, SlotAssignment = 4 _ 1 _ DDDSU, SlotStructure = SS2, TrackingAreaId = 0, SsbFreqPos = 7812, LogicalRootSequenceIndex = 102;

ADD NRDUCELL: NrDuCellId = 103, NrDuCellName = " NRDUCELL3", DuplexMode = CELL_TDD, CellId = 103, PhysicalCellId = 103, FrequencyBand = N78, DlNarfcn = 630000, UlBandwidth = CELL _ BW _ 100M, DlBandwidth = CELL _ BW _ 100M, SlotAssignment = 4 _ 1 _ DDDSU, SlotStructure = SS2, TrackingAreaId = 0, SsbFreqPos = 7812, LogicalRootSequenceIndex = 103;

ADD NRDUCELLTRP: NrDuCellTrpId = 101, NrDuCellId = 101, TxRxMode = 64T64R, PowerConfigMode = TRANSMIT_POWER, MaxTransmitPower = 350, CpriCompression = NO_COMPRESSION, BbResMutualAidSw = ON;

ADD NRDUCELLTRP: NrDuCellTrpId = 102, NrDuCellId = 102, TxRxMode = 64T64R, PowerConfigMode = TRANSMIT_POWER, MaxTransmitPower = 350, CpriCompression = NO_COMPRESSION, BbResMutualAidSw = ON;

ADD NRDUCELLTRP: NrDuCellTrpId = 103, NrDuCellId = 103, TxRxMode = 64T64R, PowerConfigMode = TRANSMIT_POWER, MaxTransmitPower = 350, CpriCompression = NO_COMPRESSION, BbResMutualAidSw = ON;

ADD NRDUCELLCOVERAGE: NrDuCellTrpId = 101, NrDuCellCoverageId = 101, SectorEqmId = 101;

ADD NRDUCELLCOVERAGE: NrDuCellTrpId = 102, NrDuCellCoverageId = 102, SectorEqmId = 102;

ADD NRDUCELLCOVERAGE: NrDuCellTrpId = 103, NrDuCellCoverageId = 103, SectorEqmId = 103;

ADD NRCELL: NrCellId = 101, CellName = " NRCELL1", CellId = 101, FrequencyBand = N78, DuplexMode = CELL_TDD;

ADD NRCELL: NrCellId = 102, CellName = " NRCELL2", CellId = 102, FrequencyBand = N78, DuplexMode = CELL_TDD;

ADD NRCELL: NrCellId = 103, CellName = " NRCELL3", CellId = 103, FrequencyBand = N78, DuplexMode = CELL_TDD;

ADD NRCELLRELATION: NrCellId = 101, Mcc = "460", Mnc = "88", gNBId = 101, CellId = 102;

ADD NRCELLRELATION: NrCellId = 101, Mcc = "460", Mnc = "88", gNBId = 101, CellId = 103;

ADD NRCELLRELATION: NrCellId = 102, Mcc = "460", Mnc = "88", gNBId = 101, CellId = 101;

ADD NRCELLRELATION: NrCellId = 102, Mcc = "460", Mnc = "88", gNBId = 101, CellId = 103;

ADD NRCELLRELATION: NrCellId = 103, Mcc = "460", Mnc = "88", gNBId = 101, CellId = 101;

ADD NRCELLRELATION: NrCellId = 103, Mcc = "460", Mnc = "88", gNBId = 101, CellId = 102;

ACT NRCELL: NrCellId = 101;

ACT NRCELL: NrCellId = 103;

ACT NRCELL: NrCellId = 103;

B　宏站双站场景 S111+S111

（1）网络拓扑规划如图 9-15 所示。

（2）参数规划。

参数规划包括基站参数规划和终端参数规划，宏站双站的 S111 +S111 场景表示有两个站点（分别为 gNodeB101 和 gNodeB102），每个站点有三个扇区一个载频，一共就是六个小区，六个小区标识分别为 101/102/103/104/105/106，载频频段都是 N78，具体规划见表 9-4～表 9-6。

扫一扫查看 5G 基站
数据配置操作之二
——宏站双站模式

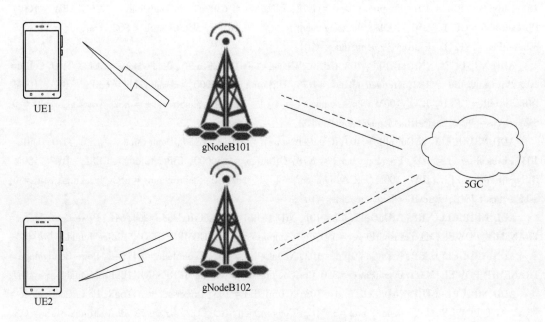

图 9-15 宏站双站场景拓扑图

表 9-4 站点 gNodeB101 的参数规划

	基站名称	基站标识长度	基站标识	移动国家码
全局数据	gNodeB101	22	101	460
	移动网络码	运营商信息	跟踪区码	NR 架构选择
	88	PRIMARY_OPEATOR	101	SA
设备数据	基站名称	基站类型	协议类型	传输端口
	gNodeB101	DBS5900 5G	ECPRI	YGE1
	射频类型	指定的参考时钟源	时钟工作模式	GPS 工作模式
	AAU	无	自动	BDS
传输数据	基站名称	配置模式	端口号	端口属性
	gNodeB101	新模式	1	FIBER
	速率	双工模式	VLAN 标识	业务 IP
	10G	全双工	101	192.168.101.2
无线数据	基站名称	扇区标识	扇区设备标识	天线配置方式
	gNodeB101	101	101	BEAM
		102	102	
		103	103	
	NR DU 小区标识	NR DU 小区名称	双工模式	小区标识
	101	gNB101CELL_1	CELL_TDD	101
	102	gNB101CELL_2		102
	103	gNB101CELL_3		103

表 9-5 站点 gNodeB102 的参数规划

全局数据	基站名称	基站标识长度	基站标识	移动国家码
	gNodeB102	22	102	460
	移动网络码	运营商信息	跟踪区码	NR 架构选择
	88	PRIMARY_OPEATOR	102	SA
设备数据	基站名称	基站类型	协议类型	传输端口
	gNodeB102	DBS5900 5G	ECPRI	YGE1
	射频类型	指定的参考时钟源	时钟工作模式	GPS 工作模式
	AAU	无	自动	BDS
传输数据	基站名称	配置模式	端口号	端口属性
	gNodeB102	新模式	1	FIBER
	速率	双工模式	VLAN 标识	业务 IP
	10G	全双工	102	192.168.101.2
无线数据	基站名称	扇区标识	扇区设备标识	天线配置方式
	gNodeB102	104	104	BEAM
		105	105	
		106	106	
	NR DU 小区标识	NR DU 小区名称	双工模式	小区标识
	104	gNB101CELL_4	CELL_TDD	104
	105	gNB101CELL_5		105
	106	gNB101CELL_6		106

表 9-6 终端参数规划

终端数据	设备名称	SUPI	GPSI	频段
	UE1	460888888880001	18888880001	N78
	UE2	460888888880002	18888880002	N78

（3）宏站双站的连线：宏站双站的 S111＋S111 场景表示有两个站点（分别为 gNodeB101 和 gNodeB102），两个站点的连线是一样的，即 BBU 机框中的信道板 UBBP 的三个通道，通过光纤分别与 AAU 相连；而主控板 UMPT 通过光纤与光纤交换机相连，主要是为了通过传输通道连接到核心网；另外通过馈线与 GPS 相连，其连线可以参照宏站单站的连线。

（4）数据配置操作。

S111+S111 场景的数据配置也可以通过执行 MML 命令完成，参考图 9-7 的基站数据配置流程。流程分为以下四个模块，而且配置是有先后顺序的，接下来以华为的 MML 命令完成 5G 宏站双站场景下的基站数据配置，两个基站的数据配置方法基本相同，只是需求将相关标识替换。其中一个 gNodeB101 的配置与宏站单站相比，只是增加基站和基站之间的邻区关系配置，其他都是一样的。重点介绍传输数据配置的新模式配置方法和站间邻区数据配置，其他的都可以参考宏站单站的配置。

模块一：全局数据配置

每个基站配置一套数据，配置方法与宏站单站场景的配置是一致的。

模块二：设备数据配置

每个基站配置一套数据，配置方法与宏站单站场景的配置是一致的。

模块三：传输数据配置（新模型）

传输数据涉及通信协议栈，这里讲述采用新模式的配置方法。在新的配置方法中，数据链路层命令换成了 ADD INTERFACE，用于增加接口；另外，由于基站 gNodeB101 和 gNodeB102 至今需要开通 XN 接口，所以在传输数据配置中，需分别配置 NG 接口和 XN 接口的传输数据，最后在应用层分别加上 NG 接口和 XN 接口。具体配置方法如图 9-16 所示。

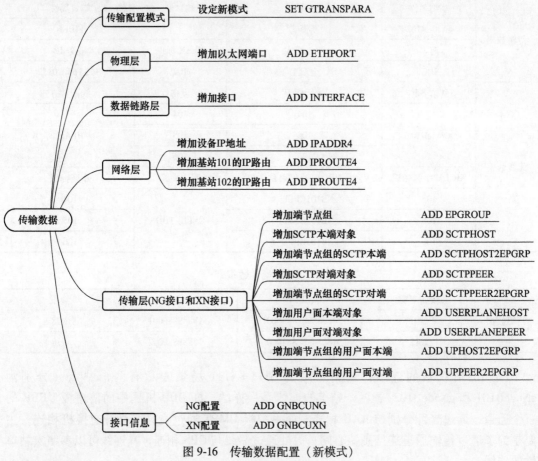

图 9-16　传输数据配置（新模式）

宏站双站中，基站 gNodeB101 传输数据的 MML 脚本配置示例（基站 gNodeB102 的配置方法完全一样）：

SET GTRANSPARA：TRANSCFGMODE＝NEW；

ADD ETHPORT：CN＝0，SRN＝0，SN＝6，SBT＝BASE_BOARD，PN＝1，PORTID＝66，PA＝FIBER，MTU＝1500，SPEED＝10G，DUPLEX＝FULL，ARPPROXY＝DISABLE，FC＝OPEN，FERAT＝10，FERDT＝8，RXBCPK-TALMOCRTHD＝1500，RXBCPKTALMCLRTHD＝1200，FIBERSPEEDMATCH＝DISABLE；

ADD INTERFACE：ITFID＝77，ITFTYPE＝VLAN，PT＝ETH，PORTID＝66，VLANID＝101，IPV6SW＝DISA-

BLE；

　　ADD IPADDR4：ITFID = 77，IP = " 192. 168. 101. 2"，MASK = " 255. 255. 255. 192"，USERLABEL = " for NG&XN"；

　　ADD IPROUTE4：RTIDX = 101，DSTIP = " 10. 10. 10. 0"，DSTMASK = " 255. 255. 255. 0"，RTTYPE = NEXTHOP，NEXTHOP = "192. 168. 101. 1"，MTUSWITCH = OFF，FORCEEXECUTE = YES；

　　ADD IPROUTE4：RTIDX = 102，DSTIP = " 192. 168. 102. 0"，DSTMASK = " 255. 255. 255. 0"，RTTYPE = NEXTHOP，NEXTHOP = "192. 168. 101. 1"，MTUSWITCH = OFF，FORCEEXECUTE = YES；

　　//传输应用层 NG 接口

　　ADD EPGROUP：EPGROUPID = 0，USERLABEL = " NG"，STATICCHK = ENABLE，IPPMSWITCH = DISABLE，APPTYPE = NULL；

　　ADD SCTPHOST：SCTPHOSTID = 0，IPVERSION = IPv4，SIGIP1V4 = "192. 168. 101. 2"，SIGIP1SECSWITCH = DISABLE，SIGIP2V4 = " 0. 0. 0. 0"，SIGIP2SECSWITCH = DISABLE，PN = 38412，SIMPLEMODESWITCH = SIMPLE_MODE_OFF，SCTPTEMPLATEID = 0；

　　ADD SCTPPEER：SCTPPEERID = 0，IPVERSION = IPv4，SIGIP1V4 = "10. 10. 10. 10"，SIGIP1SECSWITCH = DISABLE，SIGIP2V4 = " 0. 0. 0. 0"，SIGIP2SECSWITCH = DISABLE，PN = 38412，SIMPLEMODESWITCH = SIMPLE_MODE_OFF；

　　ADD USERPLANEHOST：UPHOSTID = 0，IPVERSION = IPv4，LOCIPV4 = " 192. 168. 101. 2"，IPSECSWITCH = DISABLE；

　　ADD USERPLANEPEER：UPPEERID = 0，IPVERSION = IPv4，PEERIPV4 = "10. 10. 10. 20"，IPSECSWITCH = DISABLE；

　　ADD SCTPHOST2EPGRP：EPGROUPID = 0，SCTPHOSTID = 0；

　　ADD SCTPPEER2EPGRP：EPGROUPID = 0，SCTPPEERID = 0；

　　ADD UPHOST2EPGRP：EPGROUPID = 0，UPHOSTID = 0；

　　ADD UPPEER2EPGRP：EPGROUPID = 0，UPPEERID = 0；

　　//传输应用层 NG 接口

　　ADD GNBCUNG：gNBCuNgId = 0，CpEpGroupId = 0，UpEpGroupId = 0；

　　//传输应用层 XN 接口

　　ADD EPGROUP：EPGROUPID = 1，USERLABEL = " XN"，STATICCHK = ENABLE，IPPMSWITCH = DISABLE，APPTYPE = NULL；

　　ADD SCTPHOST：SCTPHOSTID = 1，IPVERSION = IPv4，SIGIP1V4 = "192. 168. 101. 2"，SIGIP1SECSWITCH = DISABLE，SIGIP2V4 = "0. 0. 0. 0"，SIGIP2SECSWITCH = DISABLE，PN = 38422，SIMPLEMODESWITCH = SIMPLE_MODE_OFF，SCTPTEMPLATEID = 0；

　　ADD SCTPPEER：SCTPPEERID = 1，IPVERSION = IPv4，SIGIP1V4 = "192. 168. 102. 2"，SIGIP1SECSWITCH = DISABLE，SIGIP2V4 = " 0. 0. 0. 0"，SIGIP2SECSWITCH = DISABLE，PN = 38422，SIMPLEMODESWITCH = SIMPLE_MODE_OFF；

　　ADD USERPLANEPEER：UPPEERID = 1，IPVERSION = IPv4，PEERIPV4 = " 192. 168. 102. 2"，IPSECSWITCH = DISABLE；

　　ADD SCTPHOST2EPGRP：EPGROUPID = 1，SCTPHOSTID = 1；

　　ADD SCTPPEER2EPGRP：EPGROUPID = 1，SCTPPEERID = 1；

　　ADD UPHOST2EPGRP：EPGROUPID = 1，UPHOSTID = 0；

　　ADD UPPEER2EPGRP：EPGROUPID = 1，UPPEERID = 1；

　　//传输应用层 XN 接口

　　ADD GNBCUXN：gNBCuXnId = 0，CpEpGroupId = 1，UpEpGroupId = 1；

模块四：无线数据配置

S111+S111 场景的无线配置部分，对于基站 gNodeB101 或者 gNodeB102 来说，添加步骤可以参考图 9-13；但是有个地方需要注意，S111+S111 场景中有六个小区，即每个基站有三个小区，所以除了需要配置站内邻区数据（可以参考宏站单站的配置方法），还需要配置站间邻区数据。具体的站间邻区数据配置 MML 命令如下：

//增加 NR 外部邻区的数据记录

ADD NREXTERNALNCELL：Mcc = " 460" , Mnc = " 88" , gNBId = 102 , CellId = 104 , PhysicalCellId = 104 , Tac = 102 , SsbDescMethod = SSB_DESC_TYPE_GSCN , SsbFreqPos = 7812；

ADD NREXTERNALNCELL：Mcc = " 460" , Mnc = " 88" , gNBId = 102 , CellId = 105 , PhysicalCellId = 105 , Tac = 102 , SsbDescMethod = SSB_DESC_TYPE_GSCN , SsbFreqPos = 7812；

ADD NREXTERNALNCELL：Mcc = " 460" , Mnc = " 88" , gNBId = 102 , CellId = 106 , PhysicalCellId = 106 , Tac = 102 , SsbDescMethod = SSB_DESC_TYPE_GSCN , SsbFreqPos = 7812；

//增加 NR 站间的邻区关系

ADD NRCELLRELATION：NrCellId = 101 , Mcc = "460" , Mnc = "88" , gNBId = 102 , CellId = 104；

ADD NRCELLRELATION：NrCellId = 101 , Mcc = "460" , Mnc = "88" , gNBId = 102 , CellId = 105；

ADD NRCELLRELATION：NrCellId = 101 , Mcc = "460" , Mnc = "88" , gNBId = 102 , CellId = 106；

ADD NRCELLRELATION：NrCellId = 102 , Mcc = "460" , Mnc = "88" , gNBId = 102 , CellId = 104；

ADD NRCELLRELATION：NrCellId = 102 , Mcc = "460" , Mnc = "88" , gNBId = 102 , CellId = 105；

ADD NRCELLRELATION：NrCellId = 102 , Mcc = "460" , Mnc = "88" , gNBId = 102 , CellId = 106；

ADD NRCELLRELATION：NrCellId = 103 , Mcc = "460" , Mnc = "88" , gNBId = 102 , CellId = 104；

ADD NRCELLRELATION：NrCellId = 103 , Mcc = "460" , Mnc = "88" , gNBId = 102 , CellId = 105；

ADD NRCELLRELATION：NrCellId = 103 , Mcc = "460" , Mnc = "88" , gNBId = 102 , CellId = 106；

C　室分单站场景 S111111

（1）网络拓扑规划。

室分单站场景的网络拓扑规划与宏站单站场景是一致的，也是一个基站与 5G 核心网相连。参考图 9-8 所示。

（2）参数规划。

参数规划包括基站参数规划和终端参数规划，室分单站的 S111111 场景表示六个扇区一个载频，六个扇区标识分别为 101/102/103/104/105/106，载频频段都是 N78，具体规划见表 9-7 和表 9-8。

扫一扫查看 5G 基站
数据配置操作之三
——室分单站模式

表 9-7　基站参数规划

	基站名称	基站标识长度	基站标识	移动国家码
全局数据	gNodeB101	22	101	460
	移动网络码	运营商信息	跟踪区码	NR 架构选择
	88	PRIMARY_OPEATOR	101	SA
设备数据	基站名称	基站类型	协议类型	传输端口
	gNodeB101	DBS5900 5G	CPRI	YGE1
	射频类型	指定的参考时钟源	时钟工作模式	GPS 工作模式
	pRRU	无	自动	BDS

	基站名称	配置模式	端口号	端口属性
传输数据	gNodeB101	老模式	1	FIBER
	速率	双工模式	VLAN 标识	业务 IP
	10G	全双工	101	192.168.101.2

	基站名称	扇区标识	扇区设备标识	天线配置方式
无线数据		101	101	
		102	102	
		103	103	
	gNodeB101	104	104	BEAM
		105	105	
		106	106	
	NR DU 小区标识	NR DU 小区名称	双工模式	小区标识
	101	gNB101CELL_1		101
	102	gNB101CELL_2		102
	103	gNB101CELL_3	CELL_TDD	103
	104	gNB101CELL_4		104
	105	gNB101CELL_5		105
	106	gNB101CELL_6		106

表9-8　终端参数规划

	设备名称	SUPI	GPSI	频 段
终端数据	UE1	460888888880001	18888880001	N78
	UE2	460888888880002	18888880002	N78

（3）室分单站的连线：BBU 机框中的信道板 UBBP，通过光纤交换机分别与六个室分设备 pRRU 相连；而主控板 UMPT 通过光纤与光纤交换机相连，主要是为了通过传输通道连接到核心网；另外通过馈线与 GPS 相连，连接示意图如图9-17 所示。

（4）数据配置操作。

S111111 场景的数据配置也可以通过执行 MML 命令完成，参考图9-7 的基站数据配置流程。流程分为以下四个模块，而且配置是有先后顺序的，接下来以华为的 MML 命令完成 5G 室分单站场景下的基站数据配置。

模块一：全局数据配置

配置方法与宏站单站场景的配置是一致的。

模块二：设备数据配置

配置方法与宏站单站场景的配置是一致的，只是射频设备需要配置六个，另外在 BBU 和 pRRU 之间用了光纤交换机 HUB 设备，这部分的配置命令如下：

ADD RRUCHAIN：RCN = 10，TT = CHAIN，BM = COLD，AT = LOCALPORT，HSRN = 0，HSN = 0，HPN = 0，PROTOCOL = CPRI，CR = AUTO，USERDEFRATENEGOSW = OFF；

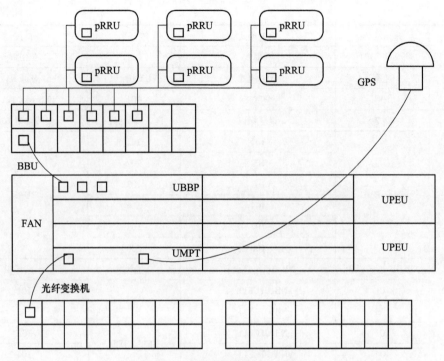

图 9-17　室分单站的连线示意图

ADD RHUB：CN=0,SRN=200,SN=0,RCN=10,PS=0,ETHPT0RATE=DISABLE,ETHPT1RATE=DISABLE；

ADD RRUCHAIN：RCN=11,TT=CHAIN,BM=COLD,AT=LOCALPORT,HSRN=200,HSN=0,HPN=0,PROTOCOL=CPRI,CR=AUTO,USERDEFRATENEGOSW=OFF；

ADD RRUCHAIN：RCN=12,TT=CHAIN,BM=COLD,AT=LOCALPORT,HSRN=200,HSN=0,HPN=1,PROTOCOL=CPRI,CR=AUTO,USERDEFRATENEGOSW=OFF；

ADD RRUCHAIN：RCN=13,TT=CHAIN,BM=COLD,AT=LOCALPORT,HSRN=200,HSN=0,HPN=2,PROTOCOL=CPRI,CR=AUTO,USERDEFRATENEGOSW=OFF；

ADD RRUCHAIN：RCN=14,TT=CHAIN,BM=COLD,AT=LOCALPORT,HSRN=200,HSN=0,HPN=3,PROTOCOL=CPRI,CR=AUTO,USERDEFRATENEGOSW=OFF；

ADD RRUCHAIN：RCN=15,TT=CHAIN,BM=COLD,AT=LOCALPORT,HSRN=200,HSN=0,HPN=4,PROTOCOL=CPRI,CR=AUTO,USERDEFRATENEGOSW=OFF；

ADD RRUCHAIN：RCN=16,TT=CHAIN,BM=COLD,AT=LOCALPORT,HSRN=200,HSN=0,HPN=5,PROTOCOL=CPRI,CR=AUTO,USERDEFRATENEGOSW=OFF；

ADD RRU：CN=0,SRN=61,SN=0,TP=BRANCH,RCN=11,PS=0,RT=MPMU,RS=NO,RXNUM=4,TXNUM=4,MNTMODE=NORMAL,RFTXSIGNDETECTSW=OFF,DORMANCYSW=OFF；

ADD RRU：CN=0,SRN=62,SN=0,TP=BRANCH,RCN=12,PS=0,RT=MPMU,RS=NO,RXNUM=4,TXNUM=4,MNTMODE=NORMAL,RFTXSIGNDETECTSW=OFF,DORMANCYSW=OFF；

ADD RRU：CN=0,SRN=63,SN=0,TP=BRANCH,RCN=13,PS=0,RT=MPMU,RS=NO,RXNUM=4,TXNUM=4,MNTMODE=NORMAL,RFTXSIGNDETECTSW=OFF,DORMANCYSW=OFF；

ADD RRU：CN=0,SRN=64,SN=0,TP=BRANCH,RCN=14,PS=0,RT=MPMU,RS=NO,RXNUM=4,TXNUM=4,MNTMODE=NORMAL,RFTXSIGNDETECTSW=OFF,DORMANCYSW=OFF；

ADD RRU：CN=0,SRN=65,SN=0,TP=BRANCH,RCN=15,PS=0,RT=MPMU,RS=NO,RXNUM=4,
TXNUM=4,MNTMODE=NORMAL,RFTXSIGNDETECTSW=OFF,DORMANCYSW=OFF;

ADD RRU：CN=0,SRN=66,SN=0,TP=BRANCH,RCN=16,PS=0,RT=MPMU,RS=NO,RXNUM=4,
TXNUM=4,MNTMODE=NORMAL,RFTXSIGNDETECTSW=OFF,DORMANCYSW=OFF;

模块三：传输数据配置

配置方法与宏站单站场景的老模式配置是一致的。

模块四：无线数据配置

S111111 场景的无线配置部分，添加步骤可以参考图 9-14；但是有个地方需要注意，
S111111 场景中有六个小区，且在同一个基站，所以配置方法与宏站单站 S111 场景一致，
只是需要配置六个扇区和六个小区，站内邻区关系有 30 个。具体的无线数据配置命令，
这里不再重复展示了。

D　室分双站场景 S111111+S111111

（1）网络拓扑规划。

室分双站场景的网络拓扑规划与宏站双站场景是一致的，两个
基站均与 5G 核心网相连，如图 9-15 所示。

（2）参数规划。

扫一扫查看 5G 基站
数据配置操作之四
——室分双站模式

参数规划包括基站参数规划和终端参数规划，室分单站的
S111111+S111111 场景表示两个基站，每个基站有六个扇区一个载
频，12 个扇区标识分别为 101/102/103/104/105/106/107/108/109/110/111/112，载频频
段都是 N78，单个室分基站的参数规划可以见表 9-7 和表 9-8。

（3）室分双站的连线如图 9-18 所示。

（4）数据配置操作。

S111111+S111111 场景的数据配置同样可以参考图 9-7 的基站数据配置流程。室分双
站的数据配置分成两个基站 gNodeB101 和 gNodeB102，两个基站的配置方法是一模一样
的，而且每个基站的数据配置与前面的室分单站基本相同，下面介绍数据配置的过程，重
点讲述不一样的地方：

模块一：全局数据配置

每个基站配置一套数据，配置方法与室分单站场景的配置是一致的。

模块二：设备数据配置

每个基站配置一套数据，配置方法与室分单站场景的配置是一致的。

模块三：传输数据配置（新模型）

分成 NG 接口和 XN 接口配置，其配置方法与宏站双站场景的新模式配置是一致的。

模块四：无线数据配置

S111111+S111111 场景的无线配置部分，添加步骤可以参考图 9-14；但是有个地方需
要注意，S111111+S111111 场景中有 12 个小区，即每个基站有三个小区，所以除了需要配
置站内邻区数据（可以参考宏站单站的配置方法），还需要配置站间邻区数据。具体的站
间邻区数据配置可参看宏站双站场景的配置，这里不重复介绍了。

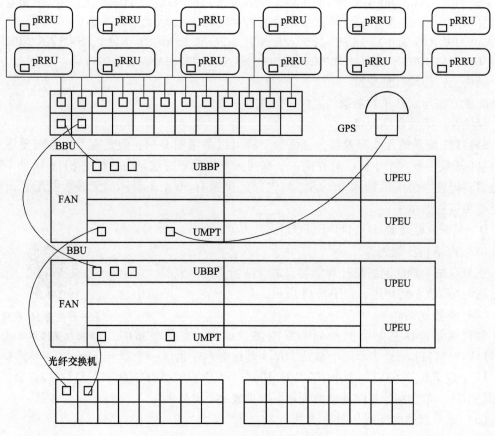

图 9-18　室分双站的连线示意图

【知识总结】

　　5G 基站的数据配置操作是基站建设中的核心部分。按照基站的配置场景不同，其数据配置操作方法也不一样，本节按照四种典型的配置场景：宏站单站、宏站双站、室分单站和室分双站，依据四个步骤：网络拓扑规划、参数规划、连线操作和数据配置，详细讲述了基站建站的具体内容。

　　传输数据配置是基站建站的难点。主要原因是需要掌握无线空口协议栈和相关的网络知识，同时某些设备商的配置具有一些独特之处。比如存在新模式和老模式配置的不同，这种配置在相应的操作中最容易混淆。老模型和新模型的配置对比见表 9-9。

表 9-9　终端参数规划

功能域	老 模 型	新 模 型
全局参数	在 MO GTRANSPARA 中新增参数 TRANSCFGMODE	推荐传输配置模型采用新模型；配置 MO GTRANSPARA 中参数 TRANSCFGMODE 等于 NEW
物理层	配置 ETHPORT	配置 ETHPORT

功能域	老　模　型	新　模　型
链路层	（可选）VLAN 推荐 SingleVLAN 规则 1. 配置 VLANMAP，参数"设置 VLAN 优先级"推荐配置成"DISABLE（禁用）"； 2.（可选）配置 DSCPMAP，规划自定义映射	（可选）VLAN 推荐 SingleVLAN 规则 1. 配置 INTERFACE，参数"接口类型"配置成"VLAN（VLAN 子接口）"； 2.（可选）配置 DSCP2PCPMAP，规划自定义映射
传输层	1. 配置 DEVIP，规划 OM/信令/业务 IP 地址； 2. 配置目的地址路由 IPRT 或源地址路由 SRCIPRT； 3.（可选）若规划共传输或基站级联，则配置 RSCGRP：TXBW、TXCBS、TXEBS 对过路流限速并配置 IP2RSCGRP； 4.（可选）配置 SCTPTEMPLATE，规划自定义模板； 5. 配置 SCTPHOST； 6.（可选，手动配置 SCTP 对端时）配置 SCTPPEER； 7. 配置 USERPLANEHOST； 8.（可选，手动配置用户面对端时）配置 USERPLANEPEER； 9. 配置 EPGROUP； 10.（可选）配置 DIFPRI，规划自定义优先级	1. 配置 DEVIP，规划 OM/信令/业务 IP 地址； 2. 配置目的地址路由 IPRT 或源地址路由 SRCIPRT； 3.（可选）若规划共传输或基站级联，则配置 RSCGRP：TXBW、TXCBS、TXEBS 对过路流限速并配置 IP2RSCGRP； 4.（可选）配置 SCTPTEMPLATE，规划自定义模板； 5. 配置 SCTPHOST； 6.（可选，手动配置 SCTP 对端时）配置 SCTPPEER； 7. 配置 USERPLANEHOST； 8.（可选，手动配置用户面对端时）配置 USER-PLANEPEER； 9. 配置 EPGROUP； 10.（可选）配置 DIFPRI，规划自定义优先级
维护通道	配置 OMCH	配置 OMCH
DHCP	（可选）若规划基站级联，则配置 DHCPSVRIP、DHCPRELAYSWITCH	（可选）若规划基站级联，则配置 DHCPSVRIP、DHCPRELAYSWITCH
接口信息	配置 gNodeBCUS1、gNodeBCUX2	配置 gNodeBCUS1、gNodeBCUX2

　　无线数据配置是基站建站的重点。无线数据涉及空口资源的配置、站内邻区关系和站间邻区关系的配置，理清楚它们之间的逻辑关系，需要具备无线接口的理论知识。而且，不管是基站调测和开通，还是无线网络优化，无线数据这部分的错误是最多的，比如没信号，或者信号强度有问题、切换失败等。

9.3　基站调测与开通

【提出问题】

　　5G 基站数据配置完成后，一般不能直接开通基站的，需要按照一定的上线流程及测试工具完成基站的调测与开通。保证基站开站成功，能满足具体的业务需求。如果是开发人员在实验室开通基站，一般会采用直接调测或者近端调测的方法，而且调测和开通方法非常灵活，因为只有一两套基站，即使出故障了也能快速定位，而且没有现网的业务压力。但对于现网建站的场景，必须要按照流程完成基站开站，同时借助工具进行远程调测。那调测的内容是哪些？如何进行基站的开通操作？

【知识解答】

基站调测主要目的是保证上线时候能满足通信的相关业务需求，而基站开通是业务上线的相关操作之和。接下来将介绍基站调测的准备工作、具体调测操作以及开通操作的内容。

9.3.1　基站调测准备

A　选择调测方式

调测方式包括近端调测和远端调测。

扫一扫查看 5G
基站调测与开通

（1）近端调测方式主要是研发或现场测试人员采用，目的是解决单个基站的测试问题。可以通过单板的串口、USB 口或者网口进行近端连线，通过相应的配置完成近端软件升级、激活或者配置修改，并按照一定的调测方法进行近端的业务测试。近端调测对技能要求较高，但对分析和定位问题十分有帮助，适合操作非常熟练的人员，所以研发和测试人员常用这种方式进行基站调测。比如对于单个或者少部分基站进行升级或者故障排查，则需要掌握这种近端调测方式，因为需要现场进行日志抓取、版本或告警收集、问题现场定位，达到精确处理的要求；

（2）远端调测方式主要是现场工程技术人员采用，目的是完成基站的批量调测与开站。远端调测的前提是保障所有基站与操作维护平台 OMC 是联网的，而且在基站中也配置了操作维护链路。提前准备好基站中各单板的软件版本、配置文件和 license 文件等，待所有的基站通过与操作维护平台进行远程连接后，现场工程技术人员依据相关工程规范，在 OMC 平台下发软件版本、配置文件和 license 文件等相关文件给所有基站，并完成软件升级和配置及 license 激活操作，待基站复位后完成生效。远端调测方式有成熟的操作方法及流程，适合大规模基站的批量处理，同时对工程技术人员的知识技能要求不高，但操作规范要求很高，所以现场工程技术人员非常适合采用这种方式进行基站调测。比如批量开站、批量升级更新、批量下线，需要采用远程调测方式，保障操作的规范性和可溯源性，减少人为因素导致的错误，提高了工作效率，另外由于不用给所有基站安排工程师现场操作，降低了成本。

B　调测准备

调测准备主要包括以下几部分。

（1）硬件准备。

基站及外围设备已完成安装；

强电线和弱电线连线正确；

设备上电正常；

基站调测转接线；

近端连接设备或远端连接设备。

（2）软件准备。

5G 基站版本软件，包括所有单板的业务软件和驱动软件；

5G 基站 license 文件；

5G 操作维护平台。

（3）数据准备。

5G 基站全量 MML 脚本；

其他执行脚本。

C 调测流程

5G 基站调测流程包括：基站的电源设备调测和基站系统的启动、自检、调测等项目。在执行调测阶段，其中基站系统调测是整个流程的重点，包括：接收天线校正、发射天线测试、传输通路测试、数据库测试、告警检查、业务测试、覆盖测试。操作维护工程师需按照图 9-19 所示的流程实施调测操作。

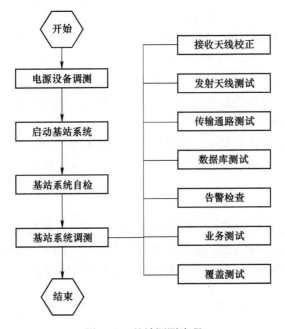

图 9-19 基站调测流程

9.3.2 基站调测操作

A 电源设备的调测

（1）上电前准备。

1）输入电压一般为可为-48V。

2）机架电源输入端子正负极的检查。

3）机架上所有电源开关置于 OFF 状态。

4）检查光纤连线，接收连线，发射连线是否连接正确。

（2）上电操作。

1）测量机架电源输入端两端的电压。

2）输入电压正常并记录，再依次将机架开关置于 ON 状态。

B　启动基站系统

（1）天馈线已与基站连接好。

（2）与核心网连线正常并进一步确认收发正常。基站等待下载数据。

C　基站系统自检

（1）测试设备与基站的连线正常或者网络通畅。

（2）利用自检软件，进行自检。

D　基站系统调测

（1）接收天线校正：采用测试仪进行接收天线调测并校正，检查校正结果是否通过，如有问题反复校正，直至校正通过为止。

（2）发射天线测试：采用功率计进行发射天线测试，详细记录测试结果，将测试结果与天线要求进行对比检查，输出测试结果和结论。

（3）基站传输通路测试：通过网络测试工具或者测试方法，检查传输通路是否正常建立。如有问题，按照网络故障排除方法进行处理。

（4）数据库测试：检查现网的数据库和硬件是否匹配，如有问题立即处理。

（5）告警检查：查看操作维护台上的告警，同时检查硬件设备是否有告警，如有告警则必须在基站开通之前解决。

（6）业务测试：按照业务测试流程进行测试，要求 5G 的业务正常。

（7）覆盖测试：可以通过单站测试及切换等测试方法，基站覆盖范围正常。

9.3.3　基站开通操作

待基站完成调测之后，需要找一个操作窗口（不同的运营商有不同的要求，一般是 0 点至 6 点）来进行基站开通操作，也称为基站上线操作。基站开通操作分为三个阶段：开通前的工作、开通中的操作和开通后的测试。开通流程图如图 9-20 所示。

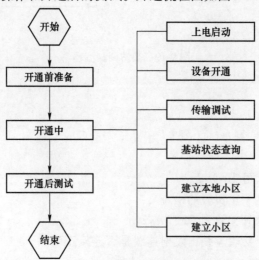

图 9-20　基站开通流程

A 开通前的检查

（1）告警检查。

在进行各项验证工作之前，要查看基站当前是否存在严重的告警，重点关注影响网络正常运行的告警和近期频繁出现的历史告警，对于影响基站状态的告警，要及时进行处理，保证基站小区运行正常。

（2）软件版本检查。

检查基站版本是否为要求的最新版本，是否和 RNC 的版本配套一致。

（3）站点状态检查。

在站点测试前，首先需要准备待测区域多个基站或单个基站的小区清单，并确认这些待测小区状态正常。

（4）工程参数检查。

无线通信系统中工程参数作为网络规划最重要的输出参数，对后期网络的整体覆盖效果至关重要，而且在 5G 系统中采用了 MIMO 技术，大大增加了天馈系统的复杂程度。具体要进行以下几项的检查工作。

方位角：检查站点建设过程中各扇区的天线方位角保持与规划结果的一致性。

下倾角：检查站点建设过程中各扇区的天线下倾角保持与规划结果的一致性。

天线线序：MIMO 采用 64T64R 通道进行信号的发射和接收，因此就涉及基站通道次序和天线线序是否一致的问题。

扇区顺序：扇区顺序的错误一般是由于施工失误引起的，扇区顺序的错误一般不会影响基站基本业务功能的使用，但是对于网优来说，会影响到邻区配置、切换、重选等问题，因此需要在站点开通后进行详细的验证，检查各小区的实际无线参数是否与规划数据一致，如果不一致要检查是数据配置问题还是线缆连接问题。

（5）无线参数配置检查。

在站点测试前，需要采集网络规划配置的数据以及数据库中配置的其他数据，并检查实际配置的数据与规划数据是否一致。

（6）测试点选择。

测试点选择目的：为了保证测试的业务由待测小区提供，在选择测试点时，选择目标小区信号强度较强且其他小区信号相对较弱的位置进行小区设备功能测试。

测试点选择方法：为保证测试的业务由待测小区提供，最理想的方法是将除待测小区外的其他小区的功放关闭，只保留该小区信号，这种情况下对测试点的选择没有要求。

如果不能关闭其他小区的功放，在选择测试点时通常要求位置接近小区中心，与基站间最好有视距传输，这样可以保证信号覆盖足够好，且不存在信号波动。

（7）测试手机设置。

测试前首先需要将手机设置为测试模式。对于不同类型的手机，其测试模式进入方法和显示界面都有所不同。

（8）其他准备工作。

在测试准备阶段还需要进行如下准备工作。

核实各站点的功率是否已经允许发射；获取测试用的测试终端；检查 UE 是否是工程模式的测试手机或者数据卡，UE 电源是否充足；测试表格打印纸件；测试前熟悉测试基站的情况，包括站点位置、PCI、扰码、全向站/定向站、天线方向角等。

　　B　开通中的操作

　　（1）确保硬件连线和板块槽位正确后，以此打开 BBU 电源和 RRU 供电开关，保证设备正常上电。

　　（2）启动近端或者远端调试设备。基站上电启动完成后，用网线连接操作维护电脑或者通过操作维护平台软件连接。

　　（3）待版本文件、基站配置文件和 license 文件下发至所有基站后，执行版本升级和配置文件、license 文件激活操作，操作完成后，基站会自动重启生效。

　　（4）完成升级后的版本信息查询与确认。

　　（5）传输调试。在软件升级和配置文件导入完成后，可以查看 NG 链路公共信息、SCTP 链路状态、操作维护链路状态等信息。

　　（6）完成小区建立过程。同时查询基站状态。

　　C　开通后的测试

　　当传输调试完成小区可以建立起来了，这个时候就可以进行业务联调了，调试过程包括终端附着、业务验证等过程，业务调试没有统一步骤，因为各厂家终端使用方法不一样。这里就不具体描述，可以参照具体厂家的开通测试文档。

【知识总结】

　　5G 基站调测与开通是基站建设中的具体实施操作。调测和开通可能不是一次就能完成的，在具体的实施过程中，经常会反复执行。这就要求准备工作必须做到位，不然返工更加浪费基站开通的时间。

　　基站调测是基站上线前的重要环节，确保基站能顺利上线的前提。而基站开通操作对工程师的操作规范要求很高，如果因为操作失误导致基站出现问题，其严重程度往往比基站本身软硬件的问题更加严重，所以这节内容需要反复操作实践才能加深理解。

9.4　本 章 小 结

　　5G 基站安装配置沿用了之前的模式，包括硬件安装和数据配置。硬件安装主要包括基站主体设备和外围设备安装，安装的方法基本上可以参照 4G 基站。但是难点主要还是基站数据配置部分，因为 5G 基站的建站场景比较灵活，导致数据配置也很灵活，其中传输数据配置部分出错概率大，另外无线数据配置量较大，也容易导致配置故障。在基站调测与开通部分，需要做好相应的调测准备，并完成充分的测试之后，才能执行基站开通操作。

9.5　思考与练习

A　选择题

（1）华为 5G 基站主控板推荐优先部署在 BBU5900（　　）号槽位？

A. 0　　　　　　　B. 3　　　　　　　C. 6　　　　　　　D. 7

（2）下面（　　）不是 5G 的典型应用场景？

A. AR/VR   B. FWA   C. 汽车自动驾驶   D. 光纤入户

（3）协议已经定义 5G 基站可支持 CU 和 DU 分离部署架构，在（   ）之间分离。

A. RRC 和 PDCP   B. PDCP 和 RLC

C. RLC 和 MAC   D. MAC 和 PHY

（4）关于 S222 场景，下列描述错误的是（   ）。

A. 包含 3 个扇区，每个扇区有 2 个载频

B. 包含 2 个扇区，每个扇区有 3 个载频

C. 包含 2 个扇区，每个扇区有 2 个载频

D. 包含 3 个扇区，每个扇区有 3 个载频

（5）依次添加机柜和 BBU 时，下列（   ）顺序是正确的。

A. 槽，柜，框   B. 柜，槽，框

C. 柜，框，槽   D. 框，柜，槽

（6）关于扇区和小区的关系，下列（   ）说法是错误的？

A. 扇区是指覆盖一定地理区域的无线覆盖区，是对无线覆盖区域的划分

B. 小区：为用户提供无线通信业务的一片区域，是无线网络的基本组成单位

C. 基站支持的小区数＝扇区数×每扇区载频数

D. 扇区和小区是相同的含义

（7）下列（   ）不属于基站硬件安装？

A. BBU 机框安装   B. 固定电话安装

C. GPS 安装   D. AAU 设备安装

（8）近端调测方式主要是研发或现场测试人员采用，目的是解决单个基站的测试问题。不能通过下列（   ）方式进行近端调试？

A. 串口   B. USB 口   C. 芯片   D. 网口

（9）待基站完成调测之后，需要找一个操作窗口。不同的运营商有不同的要求，一般是（   ）时间段进行基站开通操作，也称为基站上线操作。

A. 00：00 至 06：00   B. 08：00 至 14：00

C. 06：00 至 12：00   D. 15：00 至 21：00

（10）下面（   ）接口是 5G 网络的接口？

A. S1   B. X2   C. S11   D. NG

B　判断题

（1）信号线是强电线，比如网线。   （   ）

（2）拔插基站 BBU 单板时，在没有上电的情况下，可以裸手操作。   （   ）

（3）S111+S111 场景的意思是：包含 3 个扇区，每扇区有 1 个载频，一共有三个小区。

　　　　　　　　　　　　　　　　　　　　　　　　　　　　　　　　　（   ）

（4）每个通信设备厂家的 MML 命令是通用的。   （   ）

（5）在 5G 基站数据配置中，必须先添加全局数据配置后，才能配置无线数据，即配置顺序不能颠倒。   （   ）

（6）针对华为设备，gNB 配置同频邻区和异频邻区是相同的 MML 命令，只在参数上表示是同频还是异频。   （   ）

（7）如果运营商不需要安全组网，OM 链路不需要开 SSL 安全保护功能。　　（　　）

（8）MUMIMO 适合负载较重，容量需求较大的场景使用。　　（　　）

（9）NSA 组网下 5G 不能独立建网必须依赖 LTE 网络。　　（　　）

（10）以太网同步技术是很成熟时同步方式，5G 基站 TDD 时同步可以采用该方式。

　　　　　　　　　　　　　　　　　　　　　　　　　　　（　　）

C　简答题

（1）请简述 5G 基站硬件安装方法。

（2）宏站单站的 S222 场景有几个扇区？有几个频点？有几个小区？在数据配置中，邻区关系怎么配置？

（3）基站调测的流程是什么？

（4）基站开通的流程是什么？

10　基站维护与故障处理

【背景引入】

基站主要负责与无线有关的各种功能，为 UE 提供接入系统的空中接口，直接和 UE 通过无线相连接，5G 系统中基站发生故障对整个移动网的影响是很大的，往往直接导致用户无法使用移动网络。另外，由于基站设备分布范围广、数量多、配置多样化等特点，针对基站的维护应尽量采用操作维护平台 OMC 的模式统一维护，以降低成本、提高维护效率。因此，需对 5G 基站进行批量化、规范化的维护，并做好相应的维护记录，才能尽力减少故障的产生。

基站出现故障的原因很多，但大多可归为四类。

（1）传输问题：移动通信属于无线通信，但是很多设备还是通过有线连接，比如基站内部的单板及模块采用光纤连接、GPS 通过馈线连接、部分设备还采用了网线或电缆，日常维护中经常有基站线缆故障。

（2）软件问题：基站系统中的软件是管理基站各部件有序工作的。若基站的配置数据与基站具体情况不匹配，或者版本软件有 bug，则影响基站正常的运行。如部分小区工作正常而某个小区工作不正常，说明核心网无法与该小区进行通信，此时需要检查小区数据配置的问题。

（3）硬件问题：此类故障较常见，现象也较明显，一般有故障的硬件其红色指示灯亮。

（4）环境问题：无线通信的空口环境复杂，空口干扰也会影响基站的正常工作，有同频干扰、邻频干扰、互调干扰等。现在 5G 系统也采用同频复用技术来提高频率利用率，增加系统容量，但同时也引入了各种干扰。另外频点选取不合理，基站也将无法正常工作。

本章将介绍 5G 基站维护和故障处理相关知识，具有较强的实用性及通用性。本章内容结构如图 10-1 所示。

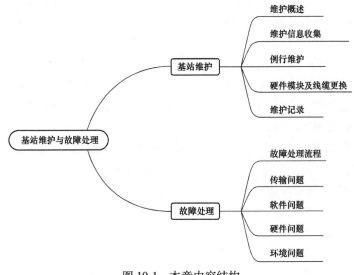

图 10-1　本章内容结构

10.1　基 站 维 护

【提出问题】

基站维护主要是对基站重要的设备和设施进行保护。主要体现在维护机房、天馈线、开关电源、蓄电池、移动通信设备、传输设备、光缆、综合机柜、空调、配电箱、电源监控系统、灭火器、GPS 等重要的设备和设施，保障它们的正常工作。那基站维护的具体工作包括哪些?

【知识解答】

5G 基站上线后，还有大量的维护工作，以保证基站持续正常运行。沿用之前基站的维护方式，5G 基站维护的主要工作包括：维护信息收集、例行维护、硬件及线缆更换和维护记录存盘。通过这部分知识的学习，可以掌握 5G 基站维护的基本技能。

10.1.1　维护概述

在通信技术日益发达、通信业务日趋细化的今天，通信网络的正常运行已关系到国计民生，关系到人们的生产与生活。保障通信系统的正常运行已经是最基本的要求，为此，通信运营商不惜增加成本，投入了大量的技术和维护团队。在技术方面，通常采用更加稳定、安全的技术，比如设备或者服务器采用双机、集群、云化等技术，甚至在物理上采用异地容灾方案，同时在软件开发中增加大量信息收集方式、问题定位方式等，方便后续的故障处理;在维护方面，投入大量的维护工程师团队进行远端或近端维护操作。目的都是保障通信系统持续稳定的运行，提供良好的通信服务。可见，5G 基站维护既耗时又非常重要。

扫一扫查看
5G 基站维护

A　维护分类

(1) 例行维护：例行维护是日常的周期性维护，是对设备运行情况的周期性检查。对检查中出现的问题应及时处理，以达到发现隐患、预防事故发生和及时发现故障并尽早处理的目的。

(2) 通知信息处理：通知信息处理是对系统在运行过程中的各种通知信息进行分析，比如对程序执行过程中产生的日志信息判断是否有异常，并做出相应的处理。

(3) 告警信息处理：告警信息处理是对设备在运行过程中的各种告警信息进行分析，判断设备运行情况并做出相应的处理。

(4) 常见问题处理：常见问题处理是指发现故障后进行分析、处理、解决的过程。

B　维护方法

日志分析：5G 基站系统能够记录设备运行中出现的错误信息和重要的运行参数。错误信息和重要运行参数主要记录在操作维护平台的服务器日志记录文件（包括操作日志和系统日志）和数据库中。

告警分析：告警管理的主要作用是检测基站系统、操作维护平台服务器节点和数据库以及外部电源的运行状态，收集运行中产生的故障信息和异常情况，在操作维护平台上展示，并将这些信息以文字、图形、声音、灯光等形式显示。同时告警管理部分还将告警信息记录在数据库中以备日后查阅分析。通过分析告警和日志，可以帮助分析产生故障的根源，同时发现系统的隐患。

故障现场分析及重现：一般来说，无线网络设备包含多个设备实体，各设备实体出现问题或故障，表现出来的现象是有区别的。维护人员发现了故障，或者接到出现故障的报告，可对故障现象进行分析，判断何种设备实体出现问题才导致此现象，进而重点检查出现问题的设备实体。在出现突发性故障时，这一点尤其重要，只有经过仔细的故障现象分析，准确定位故障的设备实体，才能避免对运行正常的设备实体进行错误操作，缩短解决故障的时间。

信令消息分析：信令跟踪工具是系统提供的有效分析定位故障的工具，信令跟踪工具都是厂家定制的。从信令跟踪中，可以很容易知道信令流程是否正确，信令流程各个消息是否正确，消息中的各参数是否正确，通过分析就可查明产生故障的根源。

测试工具分析：是最常见的查找故障的方法，可测量系统运行指标及环境指标，将测量结果与正常情况下的指标进行比较，分析产生差异的原因。

硬件更换比对：这种方法是最直接的，几乎做过维护工作的都用过这种方法。即用正常的部件更换可能有问题的部件，如果更换后问题解决，即可定位故障。此方法简单、实用。另外，可以比较相同部件的状态、参数以及日志文件、配置参数，检查是否有不一致的地方。可以在安全时间里进行修改测试，解决故障。

10.1.2 维护信息收集

维护信息收集是 5G 基站维护工程师的重要技能。很多基站故障需要后方研发设计人员进行问题定位或者 bug 分析，这需要维护信息收集，经研发处理并给出具体解决办法，为维护工程师进行故障处理提供必要的信息和处理依据。维护信息收集的内容主要包括 7 个方面。

A 硬件信息

基站硬件信息包括 BBU 和 AAU 硬件信息。收集的 BBU 硬件信息可参照表 10-1。

表 10-1 BBU 硬件信息收集表

BBU 名称		基站类型（室分/宏站）	
BBU 型号		站址经纬度	
BBU ID		机房联系方式	
BBU ESN		责任人及联系方式	
站址详细地址			

收集的 AAU 硬件信息可参照表 10-2。

表 10-2 AAU 硬件信息收集表

AAU 名称		归属 BBU ID	
AAU 型号		工作频段	
AAU ID		站址经纬度	

续表 10-2

AAU SN		机房联系方式	
天线安装数量		责任人及联系方式	
站址详细地址			

B　软件信息

版本信息包括 BBU 模块内部的单板和 AAU 设备的产品版本和解决方案。其中 BBU 模块的版本信息收集可参考表 10-3。

表 10-3　BBU 模块的版本信息

单　板	产品软件版本	硬件版本	固件版本
主控板			
信道板			
风扇板			
电源板			
其他单板			

C　维护巡检记录信息（见表 10-4）

表 10-4　基站维护巡检记录信息表

项目	分类	维　护　内　容	周期	维护内容	存在问题	处理结果
清洁	设备清洁	基站内所有设备机柜/架表面（包括机柜表面、柜顶、设备面板）的清洁	月			
		基站内馈线的清洁				
		基站内设备风扇组件及滤尘网的清洗（清洗后需晾干方可装入机柜）				
		空调室内机滤尘网的清洗（清洗后需晾干方可装入机柜）；室外机冷凝器的清洗（必须用高压水枪冲洗）				
		蓄电池表面及连接条的清洁				
		消防设备表面的清洁和每年动力监控数据的核对				
	室内环境	室内地面、门窗清洁				
		整理室内工程余料，清理室内杂物				
检查	基站内外设备检查	基站内各专业所有设备机械部分、设备外观完好情况检查	月			
		基站内各专业所有设备告警板及各设备单元工作状态检查				
		基站内所有设备电缆头、蓄电池连接条、插接件完整性和紧固				
		基站铁塔、桅杆外观检查				
		基站内所有电源、空调设备工作参数设置点的检查				
		蓄电池电压、容量的检查				
		接地电阻的检查				
		基站内室温及环境状况的检查				

项目	分类	维 护 内 容	周期	维护内容	存在问题	处理结果
检查		防火情况检查，包括消防器材状况及火灾隐患的检查，如发现已失火，则应手先救火，并通知相关部门	月			
		防盗情况检查，包括防盗设施（如防盗门窗）及失盗隐患的检查				
		烟雾告警设施检查				
		房屋密封/防尘状况（如门窗）检查				
		室内供电、照明情况检查				
		室内防水防潮情况检查，如发现室内积水或屋顶漏水，则应立即组织排水，隔离设备，并通知相关部门				
		室内温度、湿度检查				
		空调工作状况检查				
		电源柜工作状况检查（如整流器过压告警）				

D 主动信息——日志

日志的作用是记录程序的执行情况，这是维护工程师在给研发工程师反馈问题时需要主动收集的信息。不同通信设备厂家的日志信息都有些差别，但是日志的组成基本一致。一般在系统中还会设置日志打印开关，所以收集日志信息需要先打开日志打印开关，另外日志信息需按照日志级别区分收集。日志信息一般是研发及测试工程师分析问题的重要依据。日志主要有以下 5 个级别，见表 10-5。

表 10-5 日志级别

日志级别	含义	描　述
DEBUG	调试信息	指出细粒度信息事件对调试应用程序是非常有帮助的
INFO	提示信息	消息在粗粒度级别上突出强调应用程序的运行过程
WARN	警告信息	表明会出现潜在错误的情形
ERROR	错误信息	指出虽然发生错误事件，但仍然不影响系统的继续运行
FATAL	致命错误	指出每个严重的错误事件将会导致应用程序的退出

E 被动信息——告警

告警的作用是系统主动警示工程师，可以通过操作维护平台展示或者消息通知等方式告知工程师。对于维护工程师来说，告警信息非常重要，因为是维护工程师处理问题的重要依据。告警需在系统中预置，待触发了相应的门限值，即触发告警信息。告警信息一般按照级别区分收集。告警主要有以下 4 个级别，见表 10-6。

表 10-6 日志级别

告警级别	含义	描　述
CRITICAL	严重告警	严重影响基站的功能或者性能，一般会导致基站的全部或者部分重要功能无法使用，需要立即处理，尽快恢复业务
MAJOR	重大告警	影响基站的部分重要功能或者性能。需要立即关注，并重点测试，必要时需尽快处理

告警级别	含义	描　　述
MINOR	次要告警	可能会影响基站的部分功能或者性能。需关注并测试，收集其他必要信息进行分析，并给出操作建议
WARNING	一般告警	基站运行中的潜在问题给予提示，没有明显影响到基站的功能或者性能。需关注并收集其他必要信息进行分析，判断是否需要处理

F　信令信息

在不同通信设备之间的接口上传递的控制信息称为信令。信令产生于设备间的接口，在跟踪信令信息时，需对通信设备的接口非常熟悉。基站部分的信令主要包括通用信令：基站与用户终端之间的空口信息、基站之间的 XN 接口信息和基站与核心网之间的 NG 接口信息；基站内部信令：基站内部设备或单板之间的消息。其中基站内部信令一般只能在通信设备商内部使用，与其他设备商的设备无法对接。基站信令信息收集表见表 10-7。

表 10-7　信令信息收集表

信令类别	信令对应的接口	信　令　内　容
通用信令	空口信令	
	XN 接口信令	
	NG 接口信令	
内部信令	BBU 内部单板	
	BBU 与 AAU	

G　测试数据

5G 基站维护都会要求业务拨测，主要是测试上下行数据业务、切换等基本功能。测试数据的流程包括：测试准备、数据采集、问题反馈及测试记录整理。具体测试数据记录表见表 10-8。

表 10-8　测试数据收集表

测试数据记录表			
基本信息			
工程师/联系方式		设备编号	
IMSI		安装日期	
组网方式			
光模块型号			
GPS 连接线长度			
所用频点		所用 PCI	
所用 gNB ID		所有 Local ID	
功能测试			
下行速率（Mbit/s）		上行速率（Mbit/s）	
重选		切换	
其他问题说明			

10.1.3　例行维护

例行维护是指对设备定期进行预防性维护检测，使设备长期处于稳定运行状态。例行维护分为两部分的内容：定期维护检测工作和定期检查、清理工作。另外对于突发故障的处理是不定期的，只要有故障就必须及时处理。具体维护项目就是针对维护信息收集的内容进行开展，包括以下内容。

（1）基站设备工作环境检查：主要包括机房室内和室外铁塔、天线。室内包括机房温湿度、通风等工作环境；室外包括铁塔、抱杆等设施。

（2）基站设备性能统计：包括基站设备的性能监测与记录。

（3）操作维护平台的告警系统维护：告警系统查看，包括当前告警、历史告警和告警恢复情况。

（4）数据备份：包括版本数据和配置数据的备份。

（5）备件检查：检查备件的存量及使用情况。

（6）单板维护：基站单板的维护主要是近端维护，主要检查单板的告警等异常问题。

（7）日志检查：异常日志的筛选和检查，已经日志备份情况检查。

（8）接地、防雷系统检查：线路即防雷保护设施检查。

（9）电源的运行情况检查：电源和备用电池等设施的运行情况检查。

（10）天馈系统检查：天线和馈线的检查。

（11）节假日前的准备：节假日前的封网准备。

例行维护一般采用定期维护，维护周期一般分为日、月、季度、半年和一年。BBU和AAU的例行维护项目情况分别参考表10-9和表10-10。

表 10-9　BBU 例行维护项目

维护项目	项目详细说明	日	月	季度	半年	年
告警信息处理	网管终端检查从上次检查到当前时间所有告警，并按告警等级进行分类处理	√				
通知信息处理	对频繁出现的通知信息进行分析，一般的通知消息可以忽略	√				
常见故障处理	处理告警信息中的常见故障，如传输、单板故障等	√				
用户投诉故障处理	对用户反映的网络质量问题等进行分析处理	√				
温度和湿度	检查设备和机房的温度和湿度。温度在 OMC 的告警管理系统中检查，湿度用专用的湿度计检测		√			√
模块运行情况	在 OMC 的告警管理系统中检查，对于有问题的模块可以通过诊断测试系统检查		√			√
数据业务测试	在 BBU 现场用终端进行测试，同时进行业务观察，测绘各个扇区的业务情况，检查是否有掉线、断续和吞吐量异常等现象		√	√		√
电源的运行情况	主要检查给 BBU 的供电情况		√	√		√
接地、防雷系统	检查接地系统、防雷系统的工作情况，连接是否可靠		√	√	√	√

维护项目	项 目 详 细 说 明	日	月	季度	半年	年
BBU 的模块运行情况	在 OMC 的告警管理系统中检查，对于有问题的模块可以通过诊断测试系统检查			√		√
天馈驻波比	直接从后台检查是否有驻波比告警			√		√
接地电阻	使用地阻仪进行地租测量，检查是否合格；检查每个接地线的接头是否有松动现象和老化现象			√		√
俯仰角和方向角	主要是检查天线是否被风吹超出了网络规划要求的范围，使用扳手和角度仪等工具，注意用扳手拧螺母时用力不要过大			√		√
机箱清洁和气密性	对机箱外表进行清洁，不要误动开关或者接触电源；打开机箱后检查机箱有无进水，密封性如何					√

表 10-10　AAU 例行维护项目

维护项目	项 目 详 细 说 明	日	月	季度	半年	年
检查温度	在后台的告警管理系统中检查	√	√			
设备运行状况	在后台的告警管理系统中检查，对于有问题的单板可以通过诊断测试系统检查	√	√			
数据业务测试	在 AAU 现场用终端进行测试，同时进行业务观察，测绘各个扇区的业务情况，检查是否有掉线、断续、吞吐量异常等现象	√	√	√		
电源运行情况	主要检查给 AAU 供电情况	√	√	√		
基站发射功率	后台检查各个扇区的发射功率，检查是否存在过高或过低情况，通过后台进行检查	√				
接地、防雷系统	检查接地系统、防雷系统的工作情况，以及线缆连接是否可靠		√	√	√	√
检查功率	后台检查各个扇区 PA 的功率，检查是否存在过高或过低的情况		√	√		
天馈驻波比	检查是否有驻波比告警，测量每一个天馈系统的驻波比是否正常		√	√	√	√
AAU 模块运行情况	在后台的告警管理系统中检查，对于有问题的模块可以通过诊断测试系统检查			√		
机箱清洁和气密性	对机箱外表进行清洁，不要误动开关或者接触电源；打开机箱后检查机箱有无进水，密封性如何					√

10.1.4　硬件模块及线缆更换

基站硬件模块更换主要涉及 BBU 单板及 AAU 模块更换。更换流程与安装流程有很大的相似之处，但是更换流程比安装流程要多一个准备工作，主要涉及以下几个重要事项：

（1）更换单板前应注意并及时记录模块的版本号，防止出现新模块与系统不配套或不兼容等情况；并且备份相应的配置数据及脚本文件、站点详细状态文件。

（2）更换单板时应严格遵守操作规程，以防发生误操作而对系统的运行产生重大影响。

（3）单板更换后应及时对新模块或系统的相关功能进行测试或验证，确保更换成功。

（4）插拔光纤时注意保护光纤接头，避免其被污染或弄脏。

（5）插入模块时注意沿槽位插紧，若模块未插紧将可能导致设备运行时产生电气干扰，或对模块造成损害。

（6）操作人员拿模块时，必须佩戴标准的防静电腕带或防静电手套，防静电腕带的接地端应可靠接地。

A　更换基站模块的步骤

（1）对系统的影响。

1）更换基站模块期间，系统的数据安全性受到影响。

2）更换基站模块期间，如果其他模块同时故障，此时系统无基站供电保护。系统为保证数据安全性，强制将 LUN 转写保护，系统性能下降。

（2）前提条件。

1）待更换的备件已经准备齐全。

2）配置数据已经备份。

3）已经定位待更换基站模块的位置。

（3）注意事项。

1）拔插基站模块时用力要均匀，避免用力过大或强行拔插等操作，以免损坏部件的物理外观或导致接插件故障。

2）同一时间只能拆卸一个基站模块。

3）更换基站模块的过程中，系统处于基站非冗余状态，建议尽快更换基站模块。

4）更换基站模块的时间必须少于 5min，否则系统散热性会受到影响。

（4）推荐工具和材料。

1）防静电腕带。

2）防静电包装袋。

3）标签纸。

（5）操作步骤。

1）更换前检查：先进行例行维护检查和备件检查。

2）佩戴防静电腕带，按下基站模块上的卡扣，打开拉手，拔出基站模块。

3）将取出的基站模块放入防静电包装袋。

4）将已准备好待安装的基站模块从防静电包装袋中取出。

5）将待安装基站模块的拉手完全打开，插入空槽，合上拉手。等待大约 1min，根据基站模块运行/告警指示灯的状态，判断安装是否成功。待基站模块运行/告警指示灯呈绿色，亮或闪烁，则表示安装成功。

6）更换后检查。更换后检查业务是否恢复正常。确认更换操作完成以后，请使用标签纸将更换下的基站模块做好标识，以便进行后续处理。

　　B　线缆更换步骤

（1）对系统的影响。

更换线缆时，系统业务会受到影响甚至会中断。请尽量选择业务低峰期进行更换，并提前做好数据备份等相关准备工作，避免造成业务的意外中断。

（2）前提条件。

1）待更换的线缆已经准备齐全。

2）已经定位待更换线缆的位置。

3）如果不是离线更换线缆，请确认数据备份等相关准备工作已经完成。

（3）注意事项。

1）拔插线缆时用力要均匀，避免用力过大或强行拔插等操作，以免造成线缆的损坏。

2）线缆分为电缆和光缆，其更换步骤也有一些不同。

（4）推荐工具和材料。

1）防静电腕带。

2）防静电包装袋。

3）标签纸。

（5）操作步骤。

1）更换前检查：先进行例行维护检查和备件检查。

2）佩戴防静电腕带。

3）再次确认待更换线缆的位置，并准确记录该线缆的标签号码。

4）剪短线缆绑扎带，拔出待更换的线缆。

5）将拔出的线缆放入防静电包装袋。

6）从防静电包装袋中取出待安装的线缆。

7）在新的标签上写上相应记录的内容，并将新标签贴在待安装的线缆上。

8）将待安装的线缆插入已更换线缆原来所在的位置。

如果不是离线更换线缆，请根据线缆所在端口的指示灯的状态，判断安装是否成功。

9）绑扎线缆，更换后确认。

10）线缆更换操作完成以后，请使用标签纸将更换下的线缆做好标识，以便进行后续处理。

10.1.5　维护记录

维护记录是对例行维护作业的过程梳理、总结和记录，需要输出的表格应该包括：日、月、季度、半年和一年的记录表、故障处理记录表、单板或线缆更换记录表，记录表可以按照操作方法进行编制。具体的操作流程如图 10-2 所示。

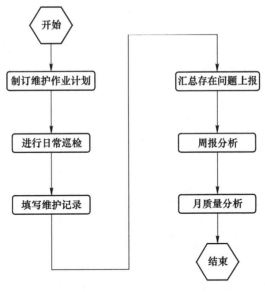

图 10-2 日常维护记录流程

【知识总结】

基站维护主要是为了基站持续正常运行而进行的规范性操作。基站维护的主要流程是维护信息收集、例行维护操作、维护记录三个步骤，有时还会涉及模块更换等危险性操作，所以基站维护必须严格按照操作规范处理。

10.2 故 障 处 理

【提出问题】

5G 基站故障处理与 4G 基站故障处理方法类似，也是按照一定的流程进行处理，那 5G 基站故障主要有哪些类别？

【知识解答】

移动基站的维护对于网络发展来说，显得越来越重要，尤其是随着移动基站数越来越多，网络越来越庞大，基站维护是网络运行的重要保障基础。为了保证设备正常运行，机房装有许多配套设备，这些配套设备必须 24h 监控，任何一种异常情况都必须得到及时有效地处理。否则，将对机房中各系统的正常工作带来严重危

扫一扫查看 5G 基站
故障分析与处理

害，后果不堪设想。为了能保证设备的正常运转，提升网络指标，这就需要我们维护人员对这些基站进行定期或不定期的维护。基站作为移动通信的重要组成部分，它是不可或缺的，通信技术的不断更新，需要基站也要做出相应的变化，基站是移动通信的基础，因此，保证基站的正常运行是保证整个通信顺利进行的保障。

10.2.1 故障处理流程

A 故障处理步骤

基站故障处理的一般步骤分为监控室故障信息收集、故障分析、故障定位、故障排除4个步骤，具体的操作流程如图 10-3 所示。

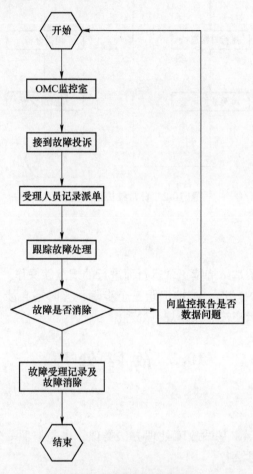

图 10-3 故障处理流程

在故障处理过程中必须严格操作规范，否则可能会导致人身伤害或设备损坏。基站故障维护人员的要求需经过 5G 通信系统培训，掌握 5G 通信系统的理论基础、熟悉 NR 基站设备的原理和组网的专业人员才能对设备进行相关操作。

基站故障排除操作的注意事项要求维护人员严格遵守设备的操作规范，在接触设备硬件前应佩戴防静电手环，并且禁止一切不在日常维护范围内的操作行为。尤其对于单板操作要求严格，必须佩戴防静电手环。对于插拔、更换关键单板，须作好人员和板件的准备，以便应付不测，并且经常检查备件，保证常用备件的库存和完好性，防止受潮霉变，对备件与维护更换下来的坏件要分开保存，做好标记，用防静电袋妥善保管。

对于数据的维护操作，一般选择在低话务量时段，运营商提供的参考时段为 00：00～06：00。在修改重要数据之前，必须备份且做好记录，修改后密切观察一段时间后确认设备运行正常，才能删除备份数据，如果发生异常须及时恢复，以业务为主。

B 常见的故障定位方法

（1）观察分析法。

观察分析法就是当系统发生故障时，在设备和网管上将出现相应的告警信息。通过观察设备上的告警灯运行情况，可以及时发现故障；故障发生时，网管上会记录非常丰富的告警事件和性能数据信息，通过分析这些信息，并结合相关的信息进行定位，可以初步判断故障类型和故障点的位置。

（2）测试法。

进行环回操作时，先将故障业务通道的业务流程进行分解，画出业务流程图，将业务的起始网元和终止网元、经过的网元等信息整理出来。然后逐段环回，定位故障网元。故障定位到网元后通过线路侧和支路侧环回基本定位出可能存在故障的单板。最后结合其他处理办法，确认故障单板予以更换排除故障，这就是测试法。

（3）拔插法。

对最初发现某种电路板故障时，可以通过插拔一下电路板和外部接口插头的方法，排除因接触不良或处理机异常的故障的方法就是插拔法。但在插拔过程中，应严格遵循单板插拔的操作规范。插拔单板时，若不按规范执行，还可能导致板件损坏等其他问题的发生。

（4）替换法。

当用拔插法不能解决故障时，可以考虑替换法。替换法就是使用一个工作正常的物件去替换一个被怀疑工作不正常的物件，从而达到定位故障、排除故障的目的。这里的物件，可以是一段线缆、一块单板或一个设备。

（5）配置数据分析法。

在某些特殊情况下，如外界环境的突然改变，或由于误操作，可能会导致设备的配置数据遭到破坏或改变，导致业务中断等故障的发生。此时，故障定位到网元单站后，可通过查询、分析设备当前的配置数据；对于网管误操作，还可以通过查看网管的用户操作日志来进行确认。

（6）更改配置法。

更改的配置内容可以包括数据配置、单板配置、单板参数配置等。因此更改配置法适用于故障定位到单个站点后，排除由于配置错误导致的故障。更改配置法最典型的应用是排除指针问题。

（7）仪表测试法。

仪表测试法一般用于排除传输设备外部问题以及与其他设备的对接问题。通过仪表测试法分析定位故障，比较准确。但是也有缺点，就是对仪表有比较高的需求。

10.2.2 传输问题

基站建设与维护中，传输的问题主要集中在前传、中传和回传网络，每一个网络的传输出问题，都会影响到基站的业务功能，具体有以下5类场景。

A 新开站前后台断链

（1）确认单板指示灯闪烁正常、传输模块指示灯闪烁正常，确认基站传输数据与规划一致，并核实传输模块端口上的 IP 地址、VLAN ID 以及工作模式是否正确。

（2）前台电脑登录 LMT 维护台检查传输数据，VLAN、IP 地址以及 OMC 通道地址需与规划一致。

（3）进入相应模块进行 ping 包测试；如果 ping 不通基站管理地址网关，确认基站侧配置无误的情况下，推动传输排查传输模块的配置数据是否正确，以及核实传输端口工作模式是否与基站侧一致。

（4）如果 ping 通基站管理地址网关，同时也可以 ping 通网管服务器地址，依旧无法建链时，需确认是否能 ping 通 1500 大包。

（5）如果还无法确定问题，需进行抓包来确定收发包情况。

B　运维中因电、单板硬件以及传输等问题导致的网元断链

（1）网管上检查是否存在与网元断链相关告警，例如输入电源断、输入电压异常、单板硬件故障等告警；如果存在，需先优先解决电力问题、设备硬件故障等。

（2）如果没有相关告警，需前台上站检查物理链路，以及基站运行情况，确认指示灯闪烁是否正常。

C　NAS 模式下，对端锚点站网元断链

核查对端锚点站网元状态，如果存在网元断链现象，应优先处理锚点站网元断链故障。

D　NAS 模式下，本端 5G 站点和对端 4G 锚点站配置错误

（1）检查网元配置中 VLAN ID，需要和规划保持一致。

（2）检查网元配置中，5G NR 业务面地址以及使用的接口是否引用正常，该地址将用于 5G 基站的业务接口地址和 SCTP 本端地址。

（3）检查网元中的配置，重点检查"本端/远端地址""本端/远端端口号"等配置参数。

（4）检查网元中的配置，确保"本端/远端地址"正确，相应端口号等信息与 5G 侧配置保持一致。

E　本端和对端之间物理链路不通

（1）确认对端 4G 锚点站网元状态正常，基站侧配置数据无误，以及 5G 基站侧配置数据正确的前提下，可以通过 ping 包测试，来确认 5G 站点和锚点站之间物理链路是否正常。

（2）5G NR 本端配置检查：检查网元中配置，确保配置正确的接口启用参考 IP 标志，业务类型，引用正确的 IP 地址以及运营商配置。

（3）传输检查：保证基站侧配置数据，以及容器状态正确的前提下，可以登录到基站前台，对核心网用户面的地址进行 ping 包测试，如果 ping 不通用户面的地址，需要推动传输排查传输配置是否正确。

10.2.3　软件问题

5G 基站软件问题主要还是体现在 5G 业务功能方面。定位 5G 软件问题，可通过业务告警信息和测试定位，其中测试包括两类：DT 测试和 CQT 通信质量测试。其中 DT 测试分别通过室外乘坐机动车辆在道路进行测试和室内手动打点进行测试。在测试过程中，需

要完成相应的测试记录、提取日志信息等。具体的业务问题这里就不详细描述了，可以参照相应的书籍资料或实际业务故障进行处理。

10.2.4　硬件问题

5G 基站硬件问题主要集中在以下几方面。

A　单板故障现象及简单的原因分析

（1）现象主要有：网管告警通常表现为"单板不在位""单板硬件故障""单板通信链路断""风扇故障"；基站前台单板运行灯不亮或者告警灯红色闪烁。

（2）可能的原因：电压不足导致单板未能正常上电；单板硬件故障或机框故障导致单板无法正常上电；单板上电正常其他原因导致的硬件故障。

B　光口类故障

现象：网管告警通常表现为："RRU 链路断""光模块接收光功率异常""光模块不可用""光口链路故障""网元不支持配置的参数"。

整理的可能原因见表 10-11。

表 10-11　光口类故障可能的原因

分类	故障现象	故障表象	影响范围	解决方法
光纤	光纤破损	光信号色散等	光功率	更换光纤
	光纤弯曲	光衰过大	光功率	整理光纤，减少弯曲
	光纤污染	端面脏污	光功率或误码	清洁光纤
	光纤模式不匹配	光衰过大	光功率	更换匹配光纤
	连接鸳鸯线	光口信息收发不匹配	业务异常	重新按照正确的序号连接光纤
	光纤长度过长	光信号色散、光衰过大	光功率	更换光纤、更换光模块
光模块	光接口污染	端面脏污	光功率或误码	清洁光模块
	光模块不在位	光模块不在位	收、发异常	重新拔插光模块
	无输入光信号	接收无光	光功率	排查光纤或对端发送源
	I^2C 故障	光模块信息获取不到	告警、诊断	早期光模块不支持；I^2C 故障在不影响通信情况下不做告警；影响通信时通过其他告警覆盖
	TX_FAULT	TX_FAULT	输出关断	更换光模块
	发送光功率过低	发送光功率过低	对端接收异常	更换光模块
	光模块速率不匹配	通信异常	通信异常	更改配置、更换光模块
	光模块接收灵敏度差	通信异常	通信异常	更换光模块
	BIDE 模块两端不匹配	接收无光	通信异常	更换光模块
	激光器老化	偏置电流超过 70mA	传输误码	更换光模块
单板	环境过温	误码率过大	传输误码	处理环境过温问题
	单板硬件故障	单板硬件故障	光口等故障	处理单板硬件故障
	PMA 参数	误码率过大	传输误码	使用研发推荐参数

10.2.5 环境问题

环境问题主要是指基站机房和室外天馈系统的环境因素问题。具体的环境因素导致的基站环境问题以及相关的解决办法参考如下说明：

（1）基站主设备，检查各模块的指示灯是否正常，对有告警的用软件查出并及时的处理，各模块之间的连线机柜顶部馈线传输线接地线是否连接紧固，测量机柜系统电压是否在正常范围值内，更换防尘网，对设备进行清理。

（2）基站交直流配电设备，基站交直流配电系统为整个基站提供电能，如果交直流系统出现故障将导致整个基站退服。目常巡检时主要测量动力引入三相交流电压、开关电源三相相线电流、中性线电流、直流输出电压、直流输出电流等；导线、熔断有无过热现象、开关电源有无告警、一次下电二次下电电压、蓄电池组参数是否正确等；零线地线连接是否正确，接地线可靠，地阻小于 5Ω，交流配电箱空气开关及电缆连接良好，不存在安全隐患。

（3）基站蓄电池，基站蓄电池主要是在市电中断的情况下在短时期的为基站主设备提供电能。如果蓄电池性能减退时不能为主设备提供足够的电能，在发电不及时的情况下直接导致退服，所以在日常巡检时主要测量蓄电池组的单体电压、馈电母线电流、软连线压降、连接体处有无松动腐蚀现象、电池壳体无渗漏和变形极柱、安全阀周围无酸雾酸液溢出、定期紧固电池连接条、清理灰尘，并做电池容量测试，掌握蓄电池的健康情况。

（4）基站空调，基站主设备和蓄电池对环境温度要求都很高，温度过高或过低都直接导致基站退服，而且高温对蓄电池的使用寿命也有致命的影响。根据维护经验，基站因空调故障而导致退服占退服总数的 25%，所以应对基站空调的维护给予重视。日常巡检时主要测量工作电压、工作电流、制冷剂有无泄露、清理防尘网、检查冷凝器、定时清洗冷凝器、排水管通畅、无漏水现象以及自起动是否正常等。

（5）基站动力环境监控设备，监控设备负责采集基站设备的电流、电压、温度、烟感、水浸等信息量，及时地反馈给监控，做到早发现早处理。日常巡检时重点检查，各传感器是否正常，可以人为产生告警，检查告警能否正常上传，并和机房校对数据。

（6）基站传输设备，传输设备也是重点检查项目之一，日常巡检检查设备有无告警，如果有告警要各机房进行确认，并及时的进行处理。清理设备防尘网、光缆、传输线、光纤、接地线走线整齐、捆绑有序、标签完好、有效、防静电手环可用等。

（7）基站天馈线系统，检测天线馈线是否无松动、接地是否良好、标签有无脱落、分集接收和驻波比是否在正常数值范围内，对超出范围值的天馈系统要进行及时的处理。

（8）环境温度告警，一般是风扇故障或者机房环境引起。处理办法主要有：查询具体的环境告警，比如风扇告警；检查机房通风环境；确认环境温度是否过高，如果环境温度过高，请解决环境问题，检查告警是否消除；请检查进风口和出风口是否被堵，如果被堵，请清除堵塞物，检查告警是否消除；按照基站设备安装方案及施工规范检查 BBU 安装是否合理，机柜散热是否符合要求。

【知识总结】

基站故障类型有很多种分类，可以按照传输、软件、硬件和环境问题进行分类，但是不同类别的故障，其处理流程是相似的。

10.3　本章小结

5G 基站维护是一个周期性、长期性的操作，主要目的是发现和预防问题。为此，一般会开发相关的自动化例行维护工具，为了提高维护效率和降低出错率。而故障处理是一个偶然性、突发性的操作，主要目的是分析和解决问题。因此，故障处理不只是维护工程师的工作，还需要研发、测试等技术工程师的支持。

10.4　思考与练习

A　选择题

（1）例行维护是日常的周期性维护。下面（　　）不是例行维护的周期。

A. 每天　　　　　　B. 每月　　　　　　C. 每季度　　　　　　D. 每分钟

（2）5G 支持的新业务类型不包括（　　）。

A. eMBB　　　　　　B. uRLLC　　　　　　C. eMTC　　　　　　D. mMTC

（3）下面（　　）抓取的信息不是故障原因分析所需要的？

A. 日志信息　　　　B. 告警信息　　　　C. 信令信息　　　　D. 机房位置信息

（4）基站故障处理的一般步骤分为以下几步，其正确的顺序是（　　）。

A. 故障分析，监控室故障信息收集，故障定位，故障排除

B. 监控室故障信息收集，故障分析，故障定位，故障排除

C. 故障定位，监控室故障信息收集，故障分析，故障排除

D. 故障排除，监控室故障信息收集，故障分析，故障定位

（5）基站维护的主要流程中，以下（　　）步骤顺序是正确的？

A. 维护信息收集、例行维护操作、维护记录

B. 例行维护操作、维护记录、维护信息收集

C. 维护记录、维护信息收集、例行维护操作

D. 例行维护操作、维护信息收集、维护记录

（6）以下（　　）不是告警的级别？

A. CRITICAL　　　B. MAJOR　　　　C. DEBUG　　　　D. WARNING

（7）关于告警级别 CRITICAL，以下说法正确的是（　　）。

A. 影响基站的部分重要功能或者性能。需要立即关注，并重点测试，必要时需尽快处理

B. 严重影响基站的功能或者性能，一般会导致基站的全部或者部分重要功能无法使用，需要立即处理，尽快恢复业务

C. 基站运行中的潜在问题给予提示，没有明显影响到基站的功能或者性能。需关注并收集其他必要信息进行分析，判断是否需要处理

D. 必要信息进行分析，并给出操作建议

（8）以下 BBU 单板中，（　　）单板是处理基带业务的？

A. 信道板　　　　　B. 主控板　　　　　C. 风扇板　　　　　D. 电源板

（9）常见的基站故障定位方法，不包括（   ）。

A. 观察分析法　　B. 断电法　　　　C. 拔插法　　　　D. 替换法

（10）更换基站模块或者线缆时，以下（   ）工具是不需要的？

A. 防静电腕带　　B. 防静电包装袋　C. 标签纸　　　　D. 扳手

B　判断题

（1）从传输链路隔离安全考虑，推荐 OM 维护 IP 和业务 IP 规划成不同地址。（   ）

（2）维护 BTS5900/机柜风扇单元时应当将风扇供电的 DCDU 前级空开断开。（   ）

（3）NR 的维护时间同步方案有 NTP 和 GPS 时间同步方案。　　　　　　（   ）

（4）硬件更换时，必须先做好相应的备份。　　　　　　　　　　　　　（   ）

（5）研发人员不参与故障处理操作，只参与故障分析，因为操作是维护工程师的职责，具有规范性。　　　　　　　　　　　　　　　　　　　　　　　　　（   ）

（6）任何传输的问题，都可以通过 ping 的方式进行定位。　　　　　　　（   ）

（7）可以通过 ping 的方式来定位光纤线路的问题。　　　　　　　　　　（   ）

（8）双机技术是一种解决单点故障的技术方案。　　　　　　　　　　　（   ）

（9）通过冷备份恢复业务时，不会导致任何的业务中断。　　　　　　　（   ）

（10）如果设备中有一个风扇出现了故障，此时需要立即停止业务，更换风扇。

　　　　　　　　　　　　　　　　　　　　　　　　　　　　　　　　（   ）

C　简答题

（1）请简述基站维护的分类有哪些。

（2）请简述故障处理流程。

（3）基站的例行维护是一个长期的工作。5G 基站具体维护项目有哪些？

（4）依据所学的基站维护知识，请设计一个 5G 基站的季度维护记录表。

参 考 文 献

［1］ 姚伟 . 4G 基站建设与维护 ［M］. 北京：机械工业出版社，2019.

［2］ 宋铁成 . 5G 无线技术及部署 ［M］. 北京：人民邮电出版社，2020.

［3］ 陈明 . 5G 移动无线通信技术 ［M］. 北京：人民邮电出版社，2017.

［4］ 杨学志 . 通信之道——从微积分到 5G ［M］. 北京：电子工业出版社，2016.

［5］ 埃里克·达尔曼 . 5G NR 标准：下一代无线通信技术 ［M］. 北京：机械工业出版社，2019.

［6］ 丁奇，阳桢 . 大话移动通信 ［M］. 北京：人民邮电出版社，2011.

［7］ 翟尤 . 5G 社会：从"见字如面"到"万物互联" ［M］. 北京：电子工业出版社，2019.

［8］ 刘晓峰 . 5G 无线系统设计与国际标准 ［M］. 北京：人民邮电出版社，2019.

［9］ 周炯槃 . 通信原理 ［M］. 北京：北京邮电大学出版社，2008.

［10］ 孙学康 . 光纤通信 ［M］. 北京：人民邮电出版社，2012.